"十四五"职业教育国家规划教材

Illustrator CC 平面设计实例教程

主　编	闫红云	明红苗	马成尧
副主编	王　岩	信月华	刘　钰
参　编	谢会娜	李建蒲	李书会

北京理工大学出版社
BEIJING INSTITUTE OF TECHNOLOGY PRESS

版权专有 侵权必究

图书在版编目(CIP)数据

Illustrator CC平面设计实例教程 / 闫红云，明红苗，马成尧主编. -- 北京：北京理工大学出版社，2018.9（2024.1重印）

ISBN 978-7-5682-5526-4

Ⅰ. ①I… Ⅱ. ①闫… ②明… ③马… Ⅲ. ①平面设计-图形软件-教材 Ⅳ. ①TP391.41

中国版本图书馆CIP数据核字（2018）第 079231 号

责任编辑：张荣君	**文案编辑**：张荣君
责任校对：周瑞红	**责任印制**：边心超

出版发行 / 北京理工大学出版社有限责任公司	
社　　址 / 北京市丰台区四合庄路6号	
邮　　编 / 100070	
电　　话 /（010）68914026（教材售后服务热线）	
（010）68944437（课件资源服务热线）	
网　　址 / http://www.bitpress.com.cn	
版 印 次 / 2024年1月第1版第5次印刷	
印　　刷 / 河北佳创奇点彩色印刷有限公司	
开　　本 / 787 mm × 1092 mm　1/16	
印　　张 / 11	
字　　数 / 251 千字	
定　　价 / 36.00 元	

图书出现印装质量问题，请拨打售后服务热线，负责调换

本书力求在实际操作过程中带领读者逐步深入地了解软件功能,学习 Illustrator CC 的使用技巧,以及它在平面设计领域的应用。

设计案例与软件功能完美结合是本书的一大特色。每章的开始部分,首先让读者了解整个案例的设计思路。在随后的制作过程中了解软件功能,最后再针对软件功能的应用制作不同类型的设计案例,读者在动手实践的过程中可以轻松掌握软件的使用技巧,了解设计项目的制作流程。本书能够让读者充分体验学习和使用 Illustrator CC 的乐趣,真正做到学以致用。

本书内容由浅入深,丰富多彩,力争涵盖 Illustrator CC 中全部的知识点,并以实例的方式对软件中的功能进行详细的讲解,使读者尽快掌握软件的应用。

本书具有以下几个特点。

·本书在党的二十大丰富的精神内涵指导下,将中国式现代化融入教材,围绕专业特色,切合学生实际情况,教学案例的编排坚持学思用贯通。

·内容全面,几乎涵盖了 Illustrator CC 中的所有知识点,在设计中涉及不同类型的内容都有相应的案例作为引导。本书由具有丰富教学经验的教师编写,从图形设计的一般流程入手,逐步引导读者学习软件中的各种技能。

·语言通俗易懂,讲解清晰,前呼后应,以最小的篇幅、最易读懂的语言来讲解每一项功能和每一个实例,让读者学习起来更加轻松,操作起来更加容易。

·实例丰富,技巧全面实用,技术含量高,与实践紧密结合。每一个实例都倾注了作者多年的实践经验,每一项功能都完美地被开发使用。

·注重理论与实践相结合,在本书中实例的运用都围绕软件的某个重要知识点展开,使读者更容易理解和掌握,方便知识点的记忆,进而达到举一反三的目的。

本书依次讲解了 Illustrator CC 软件基础、图形对象的编辑与艺术处理、文字的特效制作与编辑应用、文字设计、企业形象设计、海报招贴设计、包装设计、广告设计、书籍装帧设计和 UI 设计等内容。

本书作者有着多年丰富的教学经验与实际设计经验，在编写时将自己实际授课和设计作品过程中积累下来的宝贵经验与技巧展现给读者，希望读者在体会 Illustrator CC 软件强大功能的同时，将创意和设计理念通过软件操作反映到图形设计制作的视觉效果中来。

本书主要面向初、中级读者，是一本非常适合的入门与提高教材。对于软件的讲解从必备的基础操作开始，使以前没有接触过 Illustrator CC 的读者也可轻松入门，而接触过 Illustrator CC 软件的读者同样能快速并熟练掌握软件中的各种功能和知识点。

由于时间原因，书中疏漏和错误之处在所难免，敬请读者批评指正。

编　者

CONTENTS 目录

第 1 章

图形对象的编辑 1

1.1 图形的基本绘制——实例卡通相机 2
1.2 图形的编辑——绘制自行车 8
1.3 图形的艺术处理——快乐小猪 22

第 2 章

文字的处理与编辑 31

2.1 文字的认识 32
2.2 文字变形 36
2.3 文字的特效制作 43

第 3 章

图形图像的艺术处理 55

3.1 海报设计 56
3.2 商业招贴设计 62
3.3 画册设计 73

第4章

企业形象设计 ········· 89
4.1 认识企业形象 ········· 90
4.2 VI 设计 ········· 101

第5章

包装设计 ········· 115
5.1 手提袋设计 ········· 116
5.2 包装盒设计 ········· 126

第6章

封面设计 ········· 135
6.1 杂志类封面设计 ········· 136
6.2 技术类图书封面设计 ········· 141

第7章

UI 设计 ········· 149
7.1 按钮制作 ········· 150
7.2 交互界面设计 ········· 156

第 1 章

图形对象的编辑

■ 图形的基本绘制——实例卡通相机

■ 图形的编辑——绘制自行车

■ 图形的艺术处理——快乐小猪

本章主要讲解使用 Illustrator 软件中的基本几何工具进行绘图的方法。为了让读者对 Illustrator 基本工具进行详细的了解，从而提升日后的基本功，本章采用了实例讲解，在从构思到实践的过程中轻松掌握 Illustrator 软件的绘图功能。

由 Illustrator 软件生成的图形称为矢量图，又称向量图，是由矢量的数学对象定义的线条和曲线组成的。矢量图具有分辨率独立性的特点，可以在不同的分辨率输出设备上显示，用户可以将它放大无数倍，却并不会降低图像的品质，它的文件格式也非常小，这也是矢量图形最大的优点。

扫一扫
学操作

学习目标

1. 掌握基本图形工具的应用。
2. 掌握选择工具与直接选择工具的使用。
3. 初步掌握钢笔工具的使用。

1.1 图形的基本绘制——实例卡通相机

1.1.1 设计构思

（1）新建画布填充颜色。
（2）使用圆角矩形工具、椭圆工具完成相机主体，并设置描边，添加颜色。
（3）使用钢笔工具、直接选择工具绘制相机背景。
（4）置入素材，完成效果图。
（5）本实例的目的是让大家了解基本图形工具的绘图方法，在设计过程中结合色彩的使用来完成卡通相机的绘制。最终效果如图 1-1-1 所示。

图1-1-1

1.1.2 操作步骤

（1）执行"文件"→"新建"命令，新建一个空白文档，使用矩形工具（或按 M 键）在文档中单击后，在打开的"矩形"对话框中设置参数，如图 1-1-2 所示。设置完成后，单击"确定"按钮，绘制一个矩形。

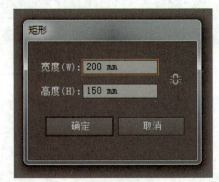

图1-1-2

（2）执行"窗口"→"颜色"命令（或按 F6 键），打开颜色面板，设置颜色参数，如图 1-1-3 所示。

图1-1-3

（3）选择圆角矩形工具，绘制相机主体，形状如图1-1-4所示。在颜色面板中设置相机主体的颜色，如图1-1-5所示；在路径工具栏中设置描边，如图1-1-6所示。

图1-1-4

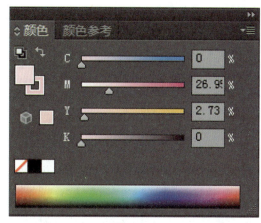

图1-1-5

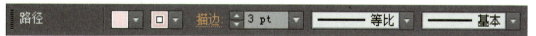

图1-1-6

（4）在文档的相应位置绘制圆角矩形，如图1-1-7所示。

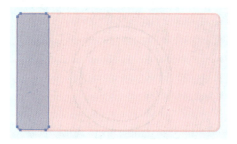

图1-1-7

（5）选择矩形工具绘制矩形，使其覆盖浅紫色圆角矩形边缘，如图1-1-8所示。

图1-1-8

（6）再次绘制矩形，使用选择工具选择浅紫色圆角矩形，按Shift键选中刚刚绘制的矩形，如图1-1-9所示。执行"窗口"→"路径查找器"命令（或按Shift+Ctrl+F9组合键），在"形状模式"栏中选择"减去顶层"命令，效果如图1-1-10所示，浅紫色圆角矩形边缘被减去。

图1-1-9

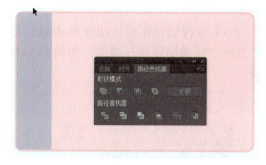

图1-1-10

（7）再次绘制圆角矩形作为快门按键，使用Ctrl+[组合键将图形后移，放置在相机主体后面，如图1-1-11所示。再次绘制两个圆角矩形放在右侧，如图1-1-12所示。

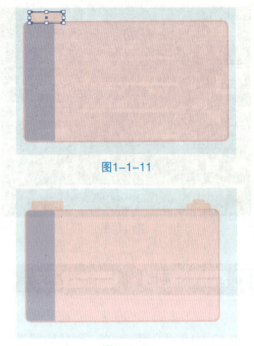

图1-1-11

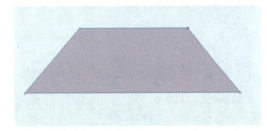

图1-1-12

（8）绘制矩形，使用直接选择工具选中矩形左右两侧锚点，向中间移动，如图 1-1-13 所示，将图形放置在相机中间。

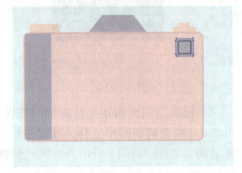

图1-1-13

（9）选择圆角矩形，按住 Shift 键绘制正方形，并添加颜色与描边，如图 1-1-14 所示。

图1-1-14

（10）选择椭圆工具，按住 Shift 键绘制圆形，将其颜色调整为白色，将描边设置为咖色，如图 1-1-15 所示。

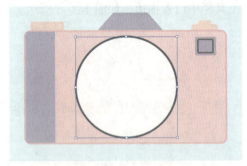

图1-1-15

（11）选中圆形，按 Ctrl+C 组合键复制，再按 Ctrl+F，组合键原位复制。使用选择工具，选择前面复制的圆形，按住 Alt+Shift 组合键将其缩小，并添加颜色与描边，如图 1-1-16 所示。

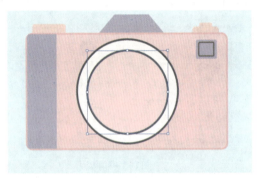

图1-1-16

（12）使用选择工具，按照步骤（11）的方法将后面复制的圆缩小，如图 1-1-17 所示，并调整描边参数，设置颜色。

图1-1-17

（13）使用星形工具在空白处单击，在打开的星形面板中设置参数，使用移动工具将制作好的星形放到相应位置，如图1-1-18和图1-1-19所示。

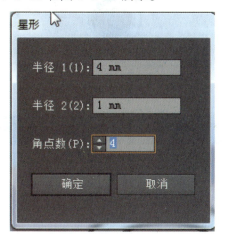

图1-1-18

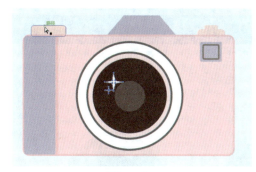

图1-1-19

（14）使用矩形工具拉出高度、颜色不同的矩形，如图1-1-20所示。

图1-1-20

（15）使用直线工具绘制相机左侧网线，并设置颜色、描边，如图1-1-21和图1-1-22所示。

图1-1-21

图1-1-22

（16）插入花草图片，如图1-1-23所示。

图1-1-23

（17）使用钢笔工具勾勒出相机的边缘，并填充颜色，如图1-1-24和图1-1-25所示。填充好颜色后再执行"效果"→"风格化"→"投影"命令，将相机边缘加投影，如图1-1-26所示。

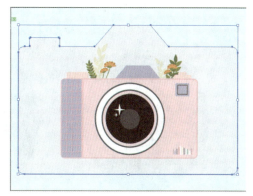

图1-1-24

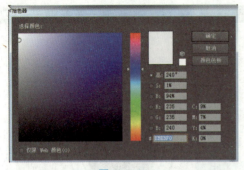

图1-1-25

图1-1-26

▶ 课堂小结

本案例是利用几何图形工具绘制卡通相机，通过本节的练习可以初步掌握Illustrator软件中基本绘图工具的特性，为今后绘制更复杂、更优质的图形打下坚实的基础。

▶ 课后练习

1. 基础案例习题

小棕熊流程图如图 1-1-27 ~ 图 1-1-35 所示。

图1-1-27　　　　　图1-1-28　　　　　图1-1-29

图1-1-30　　　　　图1-1-31　　　　　图1-1-32

图1-1-33　　　　　　　　图1-1-34　　　　　　　　图1-1-35

核心步骤：

（1）使用椭圆和旋转工具绘制背景。

（2）使用椭圆工具画出小熊的身体，使用添加锚点工具在合适的位置进行修改。

（3）使用椭圆工具和钢笔工具画出小熊的脸部，将嘴巴和眼睛的描边参数设置为2pt。

（4）使用椭圆工具画出一个椭圆，作为小熊的影子。

（5）最后将小熊和影子拖动到背景图中，放在合适的位置。

2. 提高案例习题

实例1

书包效果如图1-1-36所示。

图1-1-36

核心步骤：

（1）使用椭圆工具绘制圆形背景，并对其填充颜色。

（2）使用路径查找器中的"减去顶层"制作背景圆环。

（3）使用圆角矩形工具画出书包主体，并利用路径查找器中的"减去顶层"命令将上方的圆角去掉，书包的口袋和盖子使用同样的方法。

（4）使用矩形工具绘制装饰品，并对其填充颜色。
（5）使用钢笔工具绘制书包带，利用直接选择工具调整并完成。

实例2

人物效果如图1-1-37所示。

图1-1-37

核心步骤：
（1）使用钢笔、椭圆工具绘制背景。
（2）使用椭圆、钢笔工具画出人物身体。
（3）将人物拖入背景中。

1.2 图形的编辑——绘制自行车

1.2.1 设计构思

（1）新建画布，绘制圆形，使用对齐面板和路径查找器制作出轮胎。
（2）按Ctrl+D组合键进行重复复制，绘制车的辐条。
（3）使用矩形工具画出车子的主体框架。
（4）大家已经对Illustrator软件中基本几何工具的使用方法有了基础了解。本节主要在基本几何图形的基础上，对已经绘制的图形进行相应的编辑、处理与组合，使其更接近完美效果。最终效果如图1-2-1所示。

图1-2-1

1.2.2 操作步骤

（1）按 Ctrl+N 组合键，新建一个画布。选择椭圆工具，绘制一个宽度和高度均为 50mm 的圆形，并填充绿色，如图 1-2-2 所示。

图1-2-2

（2）选择椭圆工具绘制一个宽度和高度均为 46mm 的圆形，并填充白色，如图 1-2-3 所示。

图1-2-3

（3）选中两个圆形，按住 Shift+F7 组合键弹出"对齐"选项卡，单击"水平居

中对齐"和"垂直居中对齐"按钮，也可以在上方工具栏中单击"对齐"按钮，如图 1-2-4 所示。

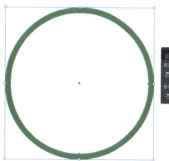

图1-2-4

（4）选中两个圆形，在路径查找器中执行"减去顶层"命令，剩下的圆环作为自行车的轮胎，并如图 1-2-5 所示。

扫一扫
学操作

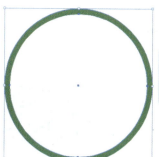

图1-2-5

（5）复制圆环并适当缩小，选中两个圆环进行对齐，并填充墨绿色，如图 1-2-6 所示。

图1-2-6

（6）选择椭圆工具绘制一个宽度和高度均为 47mm 的圆形，无填充，将描边颜色

设置为白色，将其放在其他两个圆环的中间并进行对齐，轮胎制作完成，如图1-2-7所示。

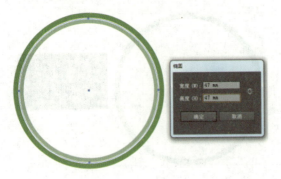

图1-2-7

（7）选择椭圆工具绘制一个宽度和高度均为5mm的圆形，无填充，并用吸管工具吸取轮胎外侧圆环的颜色作为描边的颜色，如图1-2-8所示。

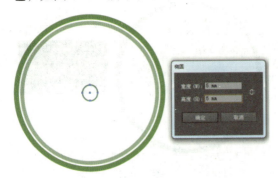

图1-2-8

（8）选择椭圆工具绘制一个宽度和高度均为2mm的圆形，无填充，将描边颜色设置为绿色，如图1-2-9所示。

图1-2-9

（9）选择工具栏中的旋转工具，并将锚点移到中心点处，如图1-2-10和图1-2-11所示。

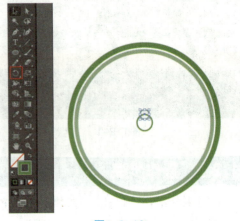

图1-2-10

图1-2-11

（10）按住Alt键向右下角拖动圆形并进行复制，如图1-2-12所示，再按住Ctrl+D组合键进行重复复制作为轮胎的轴，如图1-2-13所示。

图1-2-12   图1-2-13

（11）选择椭圆工具，绘制一个宽度和高度均为1mm的圆形，并将其填充为白色，放在轮胎轴的中心点处，如图1-2-14所示。

图1-2-14

(12)选择直线工具绘制一条直线,从中心点延伸到轮胎内侧,并描边参数设置为 2pt,作为轮胎的辐条,如图 1-2-15 所示。

图 1-2-15

(13)选择旋转工具,将锚点移动到中心点处,按住 Alt 键单击锚点,将其向右旋转 15°进行复制,如图 1-2-16 和图 1-2-17 所示。

图 1-2-16

图 1-2-17

(14)按 Ctrl+D 组合键进行重复复制,一个完整的车轮绘制完成,如图 1-2-18 所示。

图 1-2-18

(15)使用钢笔工具画出一个挡板,并填充为粉红色,如图 1-2-19 所示。

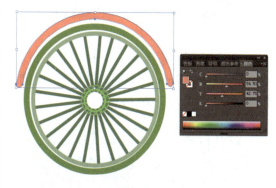

图 1-2-19

(16)选中车轮并右击,在弹出的快捷菜单中选择"编组"选项,如图 1-2-20 所示。

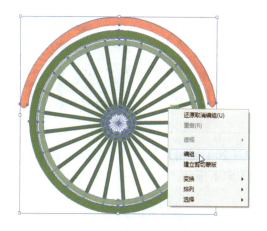

图 1-2-20

(17)选中编组后的车轮,按住 Alt+Shift 组合键向右水平复制出另一个车轮,如图 1-2-21 所示。

图1-2-21

（18）将两个挡板适当地调整角度，如图1-2-22所示。

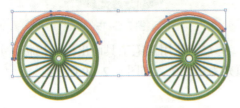

图1-2-22

（19）选择矩形工具，绘制一个宽度为40mm，高度为7mm的矩形，并填充颜色如图1-2-23和图1-2-24所示。

图1-2-23

图1-2-24

（20）使用直接选择工具选中右下角的锚点向下拖动，如图1-2-25所示。

图1-2-25

（21）选择椭圆工具，绘制一个宽度和高度均为10mm的圆形，放在矩形的右端，如图1-2-26所示。

图1-2-26

（22）使用椭圆工具再绘制一个宽度和高度均为7mm的圆形，放在矩形的左端，如图1-2-27所示。

图1-2-27

（23）复制左端的圆形向右拖动并填充为浅绿色，如图1-2-28所示。

图1-2-28

（24）使用椭圆工具绘制一个宽度和高度均为6mm的圆形，并填充颜色，如图1-2-29所示。

图1-2-29

（25）使用椭圆工具绘制一个宽度和高度均为 5mm 的圆形，并填充为棕色，如图 1-2-30 所示。

图1-2-30

（26）选择矩形工具，绘制一个宽度为 2mm、高度为 58mm 的矩形，并放在合适位置，如图 1-2-31 所示。

图1-2-31

（27）选择钢笔工具，绘制车把手，如图 1-2-32 和图 1-2-33 所示。

图1-2-32

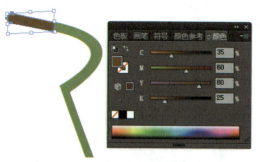

图1-2-33

（28）选择矩形工具，绘制一个宽度为 2.5mm、高度为 42mm 的矩形，适当旋转角度并放在合适位置，按住 Ctrl+Shift+[组合键将矩形后移，作为自行车的车杠，如图 1-2-34 所示。

图1-2-34

（29）使用矩形工具再绘制一个宽度为 2mm、高度为 47.5mm 的矩形，适当旋转角度并放在合适位置，将矩形后移，如图 1-2-35 所示。

图1-2-35

（30）复制矩形，将其适当旋转并调整位置，如图1-2-36所示。

图1-2-36

（31）选择椭圆工具，绘制一个宽度和高度均为2mm的圆形，放在矩形的底端车轴处，如图1-2-37所示。

图1-2-37

（32）选中两个图形，打开路径查找器，执行"合并"命令，如图1-2-38所示。

图1-2-38

（33）使用矩形工具绘制一个宽度为2mm、高度为40mm的矩形，将其适当旋转并放到合适位置，如图1-2-39所示。

图1-2-39

（34）选择添加锚点工具，在刚刚创建的矩形中心点处上下各添加一个锚点，如图1-2-40和图1-2-41所示。

图1-2-40　　　　图1-2-41

（35）选择直接选择工具，向下拖动锚点，再选择锚点工具将两个锚点改为弧状，如图1-2-42~图1-2-44所示。

图1-2-42

图1-2-43

第 1 章　图形对象的编辑

图1-2-44

（36）使用钢笔工具绘制车座轮廓并将其填充颜色，如图 1-2-45 所示。

图1-2-45

（37）选择圆角矩形工具，绘制一个宽度为 1mm、高度为 15mm、圆角半径为 2mm 的圆角矩形，并填充浅棕色作为脚蹬，如图 1-2-46 所示。

图1-2-46

（38）再绘制一个宽度为 10mm、高度与圆角半径都为 2mm 的圆角矩形，如图 1-2-47 所示

图1-2-47

（39）使用圆角矩形工具绘制一个宽度和高度均为 17mm、圆角半径为 2mm 的圆角矩形，作为车筐，如图 1-2-48 所示。

图1-2-48

（40）选择直接选择工具，选中左上方两个锚点向左拖动，与车杠贴合，如图 1-2-49 所示。

图1-2-49

（41）选择直线工具，在车筐中绘制 4 条直线，将描边参数设置为 3mm，如图 1-2-50 所示。

图1-2-50

（42）选择椭圆工具，绘制一个宽度为 150mm、高度为 8mm 的椭圆，并填充为浅灰色，将其放在自行车的下方作为自行车的影子，至此自行车绘制完成，如图 1-2-51 所示。

15

图1-2-51

(43)选择矩形工具,绘制一个宽度为297mm、高度为54.5mm的矩形,并填充为深灰色,作为马路,如图1-2-52和图1-2-53所示。

图1-2-52

图1-2-53

(44)使用矩形工具再绘制一个宽度为297mm、高度为3.5mm的矩形,并填充为浅灰色,作为路沿,如图1-2-54和图1-2-55所示。

图1-2-54

图1-2-55

(45)选择路面,按住Alt+Shift组合键向下水平复制一个矩形,拖动到底端并修改颜色,作为草地,如图1-2-56和图1-2-57所示。

图1-2-56

图1-2-57

(46)选择椭圆工具,绘制一个宽度和高度均为35mm的圆形,如图1-2-58所示。

图1-2-58

（47）选中圆形，按住 Alt+Shift 组合键向右水平复制，再按住 Ctrl+D 组合键重复复制，如图 1-2-59 所示。

图1-2-59

（48）打开"路径查找器"面板，选中圆形和矩形，单击"联集"按钮，将它们合为一体，如图 1-2-60 所示。

图1-2-60

（49）选择矩形工具，绘制一个宽度为 297mm、高度为 17.5mm 的矩形，并填充为橘黄色，作为沙滩，如图 1-2-61 所示。

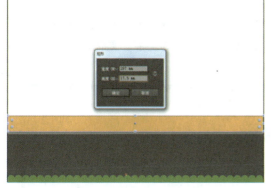

图1-2-61

（50）选择钢笔工具，绘制树干并填充颜色，如图 1-2-62 和图 1-2-63 所示。

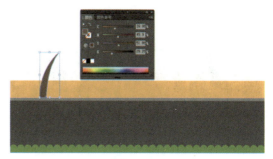

图1-2-62

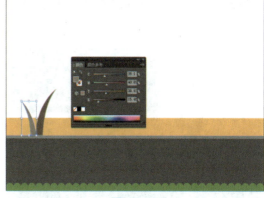

图1-2-63

（51）使用钢笔工具绘制叶子，并填充为绿色，放在合适的位置，如图 1-2-64 所示。

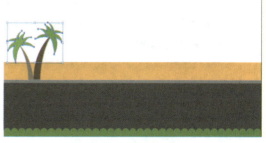

图1-2-64

（52）选中椰子树，按住 Alt+Shift 组合键向右水平复制两次，并均匀摆放，如图 1-2-65 所示。

图1-2-65

（53）使用矩形工具绘制一个宽度为297mm、高度为134mm的矩形，并填充为浅蓝色，作为天空，如图1-2-66所示。

图1-2-66

（54）绘制白云，并复制多个，摆放在合适的位置，如图1-2-67所示。

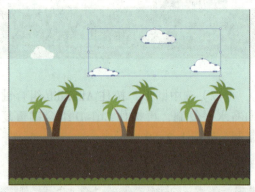

图1-2-67

（55）最后将自行车拖动到背景图中即可，如图1-2-68所示。

图1-2-68

课堂小结

本案例是使用椭圆工具及线条工具来绘制简单的图形，通过本节的练习可以初步掌握Illustrator软件中基本绘图工具的特性，为今后绘制更复杂、更优质的图形打下坚实的基础。

课后练习

1. 基础案例习题

轮船流程图如图1-1-69~图1-1-77所示。

第 1 章　图形对象的编辑

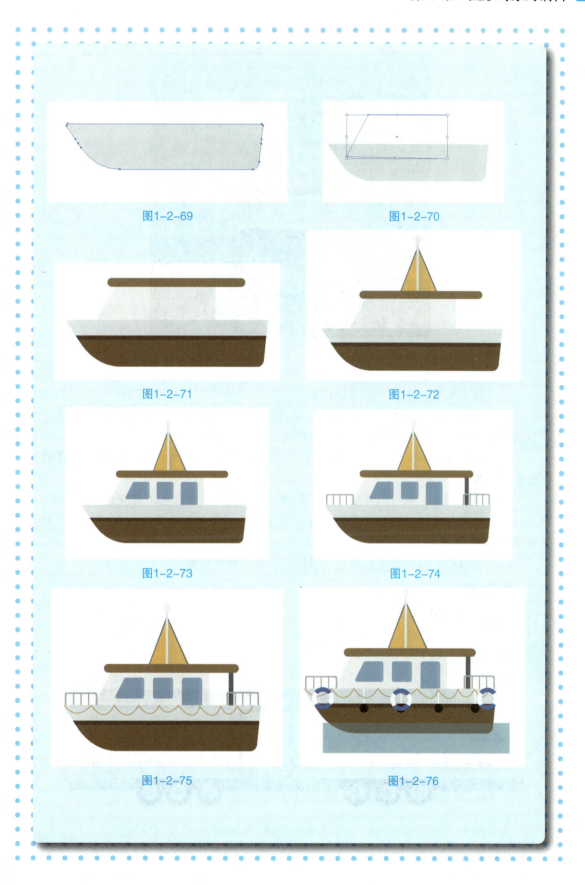

图1-2-69　　　　　　　　　图1-2-70

图1-2-71　　　　　　　　　图1-2-72

图1-2-73　　　　　　　　　图1-2-74

图1-2-75　　　　　　　　　图1-2-76

图1-2-77

核心步骤：

（1）使用钢笔、矩形工具绘制背景。

（2）使用钢笔、矩形、圆角矩形、多边形工具绘制船身，用添加锚点工具在合适位置进行修改。用黑白渐变降低不透明度为80%画出帆的明暗。

（3）使用矩形和圆角矩形工具绘制栏杆和窗户，使用钢笔工具绘制缆绳，将描边参数设置为1。

（4）使用椭圆、矩形工具绘制船身装饰，救生圈用实时上色工具绘制。

（5）使用矩形工具绘制小船和影子并填充颜色，降低不透明度为50%绘制小船在水中的样子。

（6）最后将小船和影子拖动到背景图中，放在合适位置。

2. 提高案例习题

实例1

高铁效果如图1-2-78所示。

图1-2-78

核心步骤：

（1）使用圆角矩形工具绘制一个矩形并填充颜色，使用直接选择工具调整锚点绘制车身。

（2）使用钢笔工具、矩形工具绘制车子上边蓝色部分和黑色部分，再使用直接选择工具调整锚点，并放到合适的位置。

（3）使用矩形工具绘制高铁的玻璃，并填充颜色为蓝色，车头的玻璃用圆角矩形工具绘制，再用倾斜工具将其变得倾斜。

（4）使用圆角矩形工具绘制白色车门和玻璃，再绘制玻璃下方的圆角矩形线。使用铅笔工具绘制玻璃的高光部分，并填充颜色为白色。

（5）使用椭圆工具绘制车子的车轮，并填充颜色，使用移动工具将其放到合适的位置。

实例2

饮料汽车效果如图1-2-79所示。

图1-2-79

核心步骤：

（1）新建画布，使用钢笔、椭圆、圆角矩形工具绘制背景。

（2）使用钢笔、圆角矩形、椭圆工具绘制车身，使用钢笔工具绘制西瓜的高光部分。

（3）使用圆角矩形工具绘制车的内部结构，玻璃利用路径查找器绘制。

（4）使用圆角矩形工具绘制阴影，放到合适的位置。

1.3 图形的艺术处理——快乐小猪

1.3.1 设计构思

（1）使用钢笔工具、直接选择工具绘制小猪的身体，并添加颜色。

（2）使用椭圆工具与直接选择工具绘制耳朵、眼睛等细节。

（3）使用椭圆工具绘制背景，并添加颜色，完成效果图。

（4）本实例的目的是让大家掌握基本图形变形的方法，以及钢笔工具的熟练应用，并在设计过程中结合色彩的使用，来完成插画的绘制。最终效果如图1-3-1所示。

图1-3-1

扫一扫
学操作

1.3.2 操作步骤

（1）执行"文件"→"新建"命令，新建一个宽度和高度均为150mm的空白文档，其参数设置如图1-3-2所示。

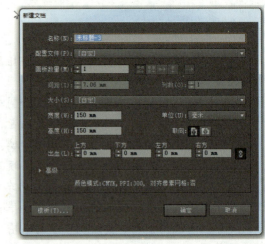

图1-3-2

（2）设置完成单击"确定"按钮，此时系统会自动新建一个空白文档，使用钢笔工具（或按P键）绘制头部，再使用直接选择工具修改锚点，完善图形，如图1-3-3所示。

图1-3-3

（3）单击工具箱中的填色工具，打开"拾色器"对话框，设置要填充的颜色，如图1-3-4所示。

图1-3-4

（4）选择工具箱中的椭圆工具，绘制小猪的身体，选择钢笔工具中的添加锚点工具，在椭圆的下方两侧添加锚点，如图1-3-5所示。

22

第 1 章 图形对象的编辑

图1-3-5

（5）使用直接选择工具调整锚点位置，使用吸管工具设置要填充的颜色，如图 1-3-6 所示。

图1-3-6

（6）选择工具箱中的椭圆工具，绘制小猪的脚丫，如图 1-3-7 所示，选中脚丫图形，将其旋转并调整角度，右击脚丫图形，在弹出的快捷菜单中选择"变换"→"对称"命令，如图 1-3-8 所示。打开"镜像"对话框，如图 1-3-9 所示，单击"复制"按钮，将复制的图形调整位置，如图 1-3-10 所示。

图1-3-7

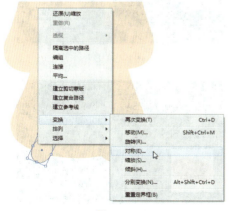

图1-3-8

图1-3-9

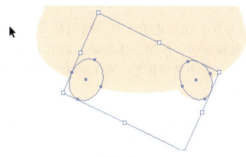

图1-3-10

（7）按住 Shift 键使用选择工具选择小猪的身体，执行"窗口"→"路径查找器"命令（或按 Shift+Ctrl+F9 组合键），打开"路径查找器"面板，在"形状模式"栏中选择"减去顶层"命令，将 3 个图形合并，效果如图 1-3-11 所示。

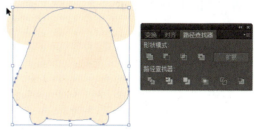

图1-3-11

（8）使用椭圆工具绘制椭圆，并设置颜色，如图 1-3-12 所示。

23

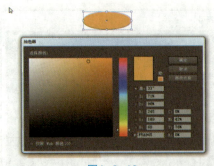

图1-3-12

（9）使用直接选择工具改变圆角矩形中的锚点，并将其旋转，如图1-3-13所示。

图1-3-13

（10）选择钢笔工具，描出耳朵边缘，并加深颜色，绘制立体效果，如图1-3-14所示。选中两个图形，按Ctrl+G组合键进行编组。

图1-3-14

（11）将耳朵放到合适位置，执行"变换"→"对称"命令，复制耳朵，选中两个图形，按Ctrl+[组合键将图形后移，放在小猪头部的后面，将左侧的耳朵向下调整位置，如图1-3-15所示。

图1-3-15

（12）绘制一个椭圆，绘制小猪的眼睛并填充为白色。再复制一层眼睛，按住Shift键将复制的椭圆中心缩小并填充为黑色。用两个椭圆工具绘制眼睛的高光部分，再使用移动工具将其放到合适的位置，如图1-3-16所示。

图1-3-16

（13）将绘制好的一只眼睛选中，按住Alt键复制，再使用移动工具将眼睛向右移动，并将其放到合适的位置，如图1-3-17所示。

图1-3-17

（14）使用椭圆工具绘制小猪的腮红，并填充为红色，调整角度、参数设置如图1-3-18所示。再按Alt键复制一个腮红，设置不透明度为10%，如图1-3-19所示，将腮红选中，使用移动工具将其放到合适的位置，如图1-3-20所示。

图1-3-18

图1-3-19

图1-3-20

(15) 使用椭圆工具绘制小猪的鼻子，并填充为橙黄色，如图1-3-21所示，再调整鼻子的角度。选择椭圆工具，按住Shift键绘制两个正圆，并填充为黄色，如图1-3-22所示。使用移动工具将其放到合适的位置，如图1-3-23所示。

图1-3-21

图1-3-22

图1-3-23

(16) 使用椭圆工具绘制上下两个不同的椭圆，并调整角度，如图1-3-24所示。再用路径查找器中的"减去顶层"命令绘制嘴的部分，用同样的方法再绘制白色部分，如图1-3-25所示。

图1-3-24

图1-3-25

(17) 使用钢笔工具绘制帽子的边缘，并填充为黄色，如图1-3-26所示。使用弧线工具绘制小猪帽子的褶皱线，单击空白处设置弧线的参数，如图1-3-27所示。将绘制的线段端点变圆滑，执行"窗口"→"描边"→"端点"命令，在菜单中选择"圆头"选项。将画好的线用镜像工具复制，选中画好的褶皱线后单击镜像工具，将中心点移动到线的顶端，按住Alt键单击中心点，在弹出的对话框中设置参数，如图1-3-28所示。再用椭圆工具绘制帽子上的球体，如图1-3-29所示。使用钢笔工具绘制帽檐，如图1-3-30所示。

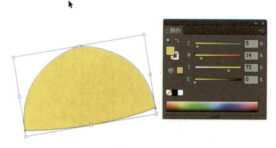

图1-3-26

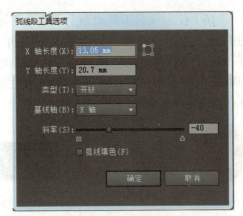

图1-3-27

图1-3-31

（18）使用钢笔工具勾勒出帽子的阴影部分，并将颜色设置为黄色，分别调整透明度为30%和50%，如图1-3-31所示。将整个帽子放到小猪的头上，如图1-3-32所示。

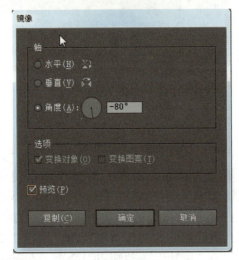

图1-3-28

图1-3-32

（19）使用钢笔工具绘制小猪的上衣，并填充颜色，如图1-3-33所示。再使用椭圆工具按住Shift键绘制正圆，再使用移动工具将其放到相应的位置，再在"路径查找器"面板中单击"减去顶层"按钮，做出衣服的袖子，如图1-3-34所示。

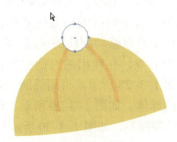

图1-3-29

图1-3-33

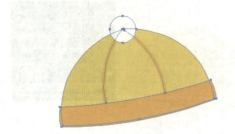

图1-3-30

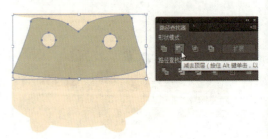

图1-3-34

26

（20）使用钢笔工具绘制小猪的手并填充颜色，如图1-3-35所示。将绘制完成的一只手选中，执行"对称"→"复制"，用移动工具将其放到相应的位置，如图1-3-36所示。

图1-3-35

图1-3-36

（21）使用椭圆工具绘制两个直径为5mm的小圆和一个直径为10mm的大圆，如图1-3-37所示。将大圆和小圆用移动工具放到合适位置，选中大圆，使用转换锚点工具单击下边锚点，如图1-3-38所示。再用删除锚点删除大圆上边的锚点，如图1-3-39所示。使用调整工具将其调整为图1-3-40所示的图形。将3个圆选中，在"路径查找器"面板中单击"联集"按钮，制作心形，如图1-3-41所示。使用钢笔工具绘制心形的阴影，如图1-3-42所示。使用移动工具将其放到相应的位置，如图1-3-43所示。

图1-3-37

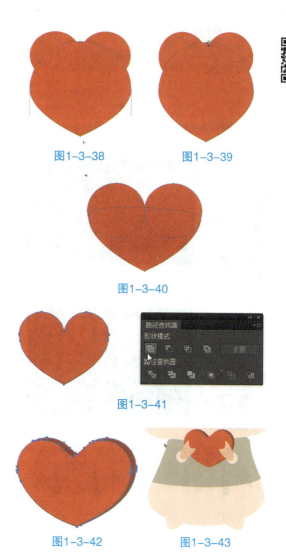

图1-3-38　　图1-3-39

图1-3-40

图1-3-41

图1-3-42　　图1-3-43

（22）使用钢笔工具绘制小猪衣服上的衣兜，并填充为深棕、浅棕色，如图1-3-44和图1-3-45所示。用矩形工具绘制一个矩形，并填充颜色，将其作为裤子的背带部分。将画好的矩形用直接选择工具将上边的两个锚点内缩，如图1-3-46和图1-3-47所示。再用椭圆工具画出一个椭圆，并填充颜色，如图1-3-48和图1-3-49所示。使用移动工具将其放到相应的位置，如图1-3-50所示。选择矩形工具，绘制矩形并填充浅棕色，按住Shift键绘制正圆，并画出衣服上的扣子，如图1-3-51~图1-3-53所示。

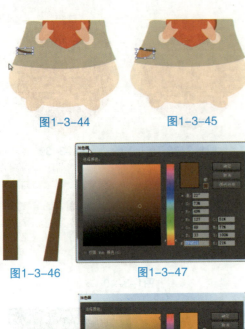

图1-3-44　　　　图1-3-45

图1-3-46　　　　图1-3-47

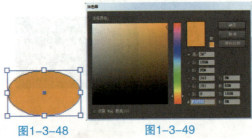

图1-3-48　　　　图1-3-49

图1-3-50　　　　图1-3-51

图1-3-52

图1-3-53

（23）使用钢笔工具绘制小猪的裤子，并填充为棕色，如图1-3-54所示。使用钢笔工具绘制小猪的腰带、裤脚和衣兜并填充颜色。使用钢笔工具绘制尾巴并填充为黑色，执行"描边"→"端点"→"圆头端点"命令。使用移动工具将其放到合适的位置，如图1-3-55所示。

图1-3-54　　　　图1-3-55

（24）使用椭圆工具绘制椭圆背景，再按住Shift键画出正圆，制作出小雪花，并填充颜色。使用椭圆工具绘制小猪下面的阴影，并填充为灰白色，将其设置为正片叠底，放到合适的位置，如图1-3-56所示。

图1-3-56

（25）使用钢笔工具勾勒出彩带，并填充红色，在彩带上添加白色文字，如图1-3-57所示。

图1-3-57

课堂小结

本案例是使用复杂的曲线来绘制图形,通过本节的练习可以熟练地掌握钢笔工具的特性,以及钢笔工具和直接选择工具的配合使用,为今后插画绘制打下坚实的基础。

课后练习

1. 基础案例习题

小狐狸流程图如图1-3-58~图1-3-63所示。

图1-3-58

图1-3-59

图1-3-60

图1-3-61

图1-3-62

图1-3-63

核心步骤:

(1)使用矩形和钢笔工具绘制背景。

(2)使用钢笔工具绘制狐狸的身体,使用添加锚点工具在合适的位置进行修改。

(3)使用椭圆工具绘制狐狸的脸部,使用钢笔工具绘制狐狸的毛发纹理并复制,设置描边参数为1pt。

(4)使用钢笔工具绘制小狐狸的影子。

(5)使用椭圆工具和文字制作出标题,将小狐狸和阴影放到合适的位置。

2. 提高案例习题

实例1

长颈鹿效果如图1-3-64所示。

核心步骤：

（1）使用椭圆、矩形、钢笔工具绘制背景，调节透明度来画出树木的明暗。

（2）使用钢笔和椭圆工具绘制小鹿的身体，使用添加锚点工具在合适的位置进行修改。

（3）使用椭圆和钢笔工具绘制小鹿的脸部，画出多个椭圆，并填充颜色制作腮红。

（4）使用钢笔、椭圆工具绘制树叶和小鹿的影子。

（5）最后将小鹿和影子拖动到背景图中，放在合适的位置。

图1-3-64

实例2

卡通人物效果如图1-3-65所示。

图1-3-65

核心步骤：

（1）使用椭圆、钢笔工具绘制航天员的身体，并填充颜色、添加描边。

（2）使用曲线、钢笔工具绘制线条，制作出航天飞行器，并填充颜色、添加描边。

第 2 章

文字的处理与编辑

- 文字的认识
- 文字变形
- 文字的特效制作

字体设计首先应具备易读性，即在遵循形体结构的基础上进行变化，不能随意改变字体的结构，增减笔画，随意造字，切忌为了设计而设计，文字设计的根本目的是为了更好地表达设计的主题和构想理念，不能为变而变。其次要体现艺术性，文字应做到风格统一、美观实用、创意新颖，且有一定的艺术性。最后是要具备思想性，字体设计应从文字内容出发，能够准确地诠释文字的精神内涵。

> 🔍 **学习目标**
> 1. 掌握文字工具的使用。
> 2. 掌握钢笔工具的使用。
> 3. 学习并掌握文字变形与特效文字的制作方法。

2.1　文字的认识

2.1.1　设计构思

（1）认识中文字体，掌握字体的应用。
（2）认识英文字体，掌握字体的应用。
（3）Adobe Illustrator CC 字体的安装方式。
（4）本节案例的目的是让大家了解基本的字体样式，在文字设计过程正确地使用字体，以完成文字的变形和特效文字的制作。

1. 中文字体

主要应用的宋体、黑体和楷体 3 种。

1）宋体的应用

宋体是为适应印刷而出现的一种汉字字体，它又有仿宋、华文宋体、方正大标宋、汉仪大宋简等多种形式，如图 2-1-1 所示。它的特点是笔画有粗细变化，而且一般是横细竖粗，常用于书籍、杂志、报纸印刷的正文排版。

华文宋体的特点主要具有以下几种。
（1）雅致大方：字形具有一种方正雅观的特点，结构清晰。
（2）字符覆盖面广：覆盖了绝大部分汉字，包括一些生僻字。
（3）小字体清晰：可以清晰到 12 号字，而不失其字体特点。

华文宋体已广泛应用到商标设计、广告设计、报纸与图书等行业中，效果较好。

平面设计　　宋体
平面设计　　仿宋
平面设计　　华文宋体
平面设计　　方正大标宋
平面设计　　汉仪大宋简

图 2-1-1

2）黑体的应用

黑体又称方体或等线体，是一种字面呈正方形的粗壮字体，有微软雅黑、华文细黑简体、方正中黑简体、汉仪中黑简体等多种形式，如图 2-1-2 所示。它的字形端庄，笔画横平竖直，横竖一样粗细，结构醒目严密。由于黑体字笔画整齐划一，因此它只是一种装饰字体，适用于标题或需要引起注意的醒目按语或批注，又因为其字体过于粗壮、非常醒目，虽然运用广泛，但不适用于排印正文部分。

黑体字的特点有以下几种。
（1）非常突出。
（2）方正、粗犷、朴素、简洁、无装饰。
（3）横竖笔画粗细视觉相等，笔形方头方尾、黑白均匀。

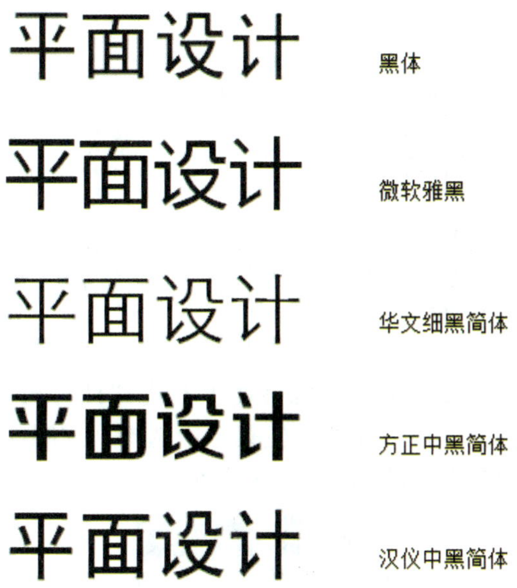

平面设计　　黑体

平面设计　　微软雅黑

平面设计　　华文细黑简体

平面设计　　方正中黑简体

平面设计　　汉仪中黑简体

图2-1-2

3）楷体的应用

楷体一般用于书的前言与图片的注解部分，它有华文楷体、方正楷体、汉仪楷体等多种形式，如图2-1-3所示。由于楷体的传统韵律比较强，因此在传统类的设计对象中运用非常广泛。但是楷体不会作为主标题的文字选择，而是在副标题和广告（产品）解说（说明）部分运用得比较多。

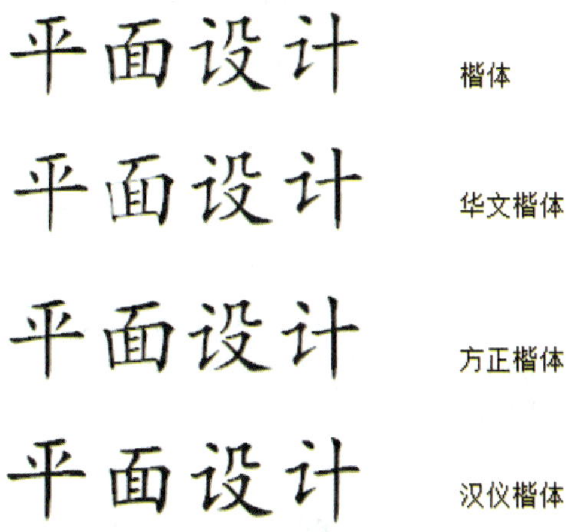

平面设计　　楷体

平面设计　　华文楷体

平面设计　　方正楷体

平面设计　　汉仪楷体

图2-1-3

2. 英文字体

英文文字大致分成3类：衬线体、无衬线体和其他字体。其他字体包括哥特体、手写体和装饰体。

1）衬线体

衬线体的历史比较悠久，是古罗马时期的碑刻用字，适用于表达传统、典雅、高贵和距离感，如图2-1-4所示，它有以下两种分类方式。

（1）根据有无手写痕迹，衬线体可以分为以下两类。

①类似手写的衬线体称"旧体"，笔尖会留下固定倾斜角度的书写痕迹，O字母较细的部分连线是斜线。但它并不意味着过时，传统书籍正文通常用旧体排版，适合于长文阅读。

②比例工整、没有手写痕迹的衬线体称"现代体"，O字母较细部分连线是垂直的。它体现了明快的现代感，给人以冷峻、严格的印象，但这种衬线体缩小后文字易读性比较差，一般在标题上使用。

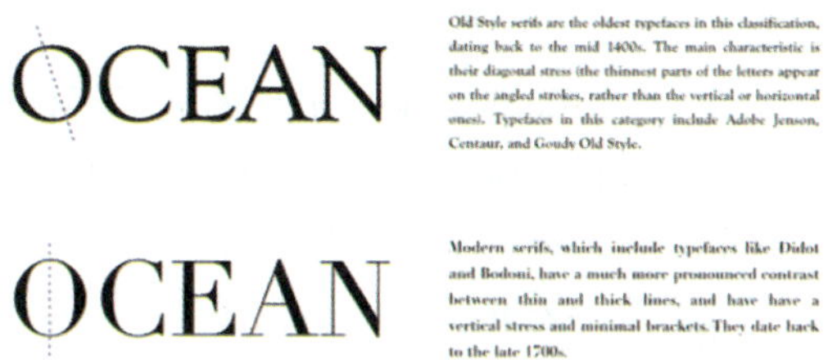

OCEAN　　Old Style serifs are the oldest typefaces in this classification, dating back to the mid 1400s. The main characteristic is their diagonal stress the thinnest parts of the letters appear on the angled strokes, rather than the vertical or horizontal ones. Typefaces in this category include Adobe Jenson, Centaur, and Goudy Old Style.

OCEAN　　Modern serifs, which include typefaces like Didot and Bodoni, have a much more pronounced contrast between thin and thick lines, and have have a vertical stress and minimal brackets. They date back to the late 1700s.

图2-1-4

（2）根据衬线变化，衬线体可以分为3类：支架衬线体、发丝衬线体和板状衬线体，如图2-1-5所示。

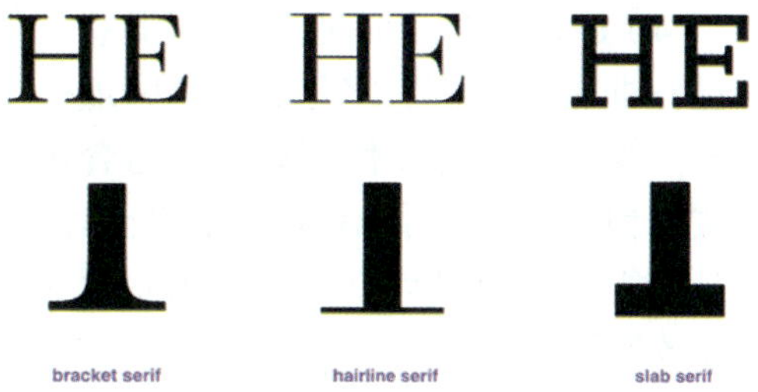

HE　　HE　　HE

bracket serif　　hairline serif　　slab serif

图2-1-5

①支架衬线体具有特定曲线的衬线，是旧体中最常见的字型，在衬线体中相对亲切、传统。比较常见的字体有Times New Roman、Baskerville、Caslon、Georgia。

②发丝衬线体连接处为细直线，是现

代体中常见的字型，具有明显的现代感，不适合磅值小的字体。比较常见字体有 Didot、Bodoni。

③板状衬线体呈厚粗四角形，比较有力，是19~20世纪初用在广告牌上的文字，多用于标题，具有怀旧气氛。

2）无衬线体

无衬线体相对衬线体更加亲和、现代，从类别上大致可以分为以下4类：Grotesque、Neo-grotesque、Humanist 和 Geometric，如图 2-1-6 所示。

图 2-1-6

（1）Grotesque 是最早出现的无衬线体，保留了一些衬线体的特征，如小写字母 g 的写法不一样，数字 1 下方有粗衬线。

（2）Neo-grotesque 包括很多常用字体，如 Helvetica、Arial、Univers，该字体具有不带情绪、冷静简洁的特点。

（3）Humanist 有一点书法感，给人温暖的典雅气氛，又有一点女性气质，识别度非常高，适用于网站正文字体。

（4）Geometric 字体趋近几何形状，如字母 O 非常像正圆、字母 a 是半圆加一个尾巴。这种字体易读性不好，不适合用在正文。但是这类字体有非常强的设计感，在某些需要突出设计感的场合用磅值大的字体效果很好。

2.1.2 字体安装方法

（1）找到要安装的文字字体，执行"选择"→"复制"命令复制字体，如图 2-1-7 所示。

图 2-1-7

（2）在计算机桌面上右击"计算机"图标，在打开的快捷菜单中选择"控制面板"命令，如图 2-1-8 所示。

图 2-1-8

（3）在打开的"控制面板"对话框中找到字体文件夹，如图 2-1-9 所示。

图 2-1-9

（4）双击"字体"文件夹将其打开，将复制的文字粘贴到"字体"文件夹中即可，如图 2-1-10 所示。

图 2-1-10

课堂小结

字体设计是平面设计中不可或缺的组成部分，文字是其中一个关键元素，有"画龙点睛"的效果，文字设计是人类生产与实践的产物，是随着人类文明的发展而逐步成熟的。象形文字是文字的初始形态，但象形文字笔画图案比较多，书写不方便。因此人们渐渐对象形文字进行简化，从而逐渐演变成新时代常见的文字。这些较为常见的文字经常会出现在平面设计中，而且需要设计师对其进行处理，丰富其内涵，增强其表现力。

课后练习

1. 中文字体

中文字体除文中介绍的宋体、黑体、楷体以外，还有很多形式，如华文彩云、华文琥珀、方正古隶简体、方正舒体简体、汉仪水滴简体和汉仪雪君简体等，如图2-1-11所示。

2. 英文字体

英文字体除文中介绍的衬线体、无衬线体外、其他字体如图2-1-12所示。

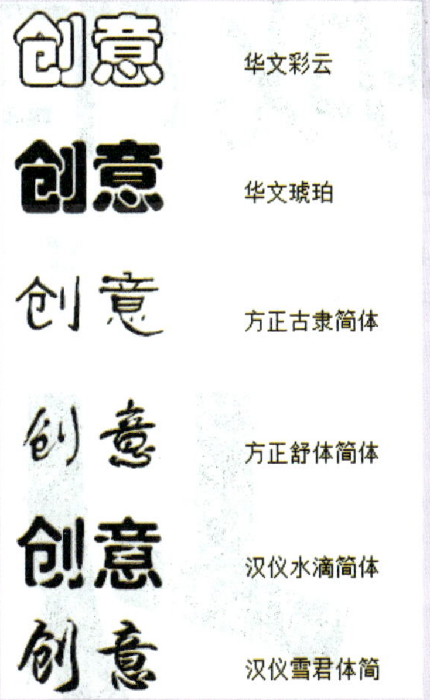

创意	华文彩云
创意	华文琥珀
创意	方正古隶简体
创意	方正舒体简体
创意	汉仪水滴简体
创意	汉仪雪君体简

图2-1-11

Designer	Arial
Designer	Garamond（衬线之王）
Designer	Zapfino（花体之神）
Designer	Frutiger（清晰可读）
Designer	Didot（时尚的代名词）
Designer	Helvetica（无处不在）
Designer	Bodoni（印刷之王）

图2-1-12

2.2 文字变形

2.2.1 设计构思

（1）新建画布。
（2）输入文字并创建轮廓。
（3）改变字形。
（4）完成效果图。
（5）本实例的目的是让大家了解直接选择工具的使用方法，并在设计过程中结合文字的创意来完成字体变形。最终效果如图 2-2-1 所示。

图2-2-1

2.2.2 操作步骤

（1）首先新建文档，执行"文件"→"新建"命令（或按 Ctrl+N 组合键），打开"新建文档"对话框，如图 2-2-2 所示，在其中设置文档的各项参数。设置完成后单击"确定"按钮。

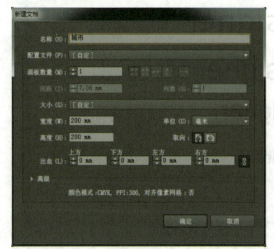

图2-2-2

（2）单击文字工具 T（或按 T 键），在文档中输入文字"城市"，并设置字体为微软雅黑，将字号设置为合适大小，并填充黑色，如图 2-2-3 所示。

图2-2-3

（3）选中文字，然后执行"文字"→"创建轮廓"命令（或按 Ctrl+Shift+O 组合键），将其转化为图形，如图 2-2-4 所示。

图2-2-4

（4）选择直接选择工具 （或按 A 键），按住 Shift 键选择如图 2-2-5 所示的 4 个锚点。

图2-2-5

（5）单击上方控制栏中的"垂直顶对齐"按钮 ，将 4 个锚点排列于一条水平线上，如图 2-2-6 所示。

图2-2-6

（6）选择直接选择工具 ▶（或按 A 键），按住 Shift 键选择如图 2-2-7 所示的两个锚点。

图2-2-7

（7）单击上方控制栏中的"垂直顶底齐"按钮，将两个锚点排列于一条水平线上，如图 2-2-8 所示。

图2-2-8

（8）选择直接选择工具 ▶（或按 A 键），按住 Shift 键选择如图 2-2-9 所示的两个锚点。

图2-2-9

（9）单击"水平左对齐"按钮，将两个锚点排列于一条水平线上，如图 2-2-10 所示。

图2-2-10

（10）选择直接选择工具 ▶（或按 A 键），按住 Shift 键选择如图 2-2-11 所示的两个锚点。

图2-2-11

（11）单击"水平右对齐"按钮，将两个锚点排列于一条垂直线上，如图 2-2-12 所示。

图2-2-12

（12）长按钢笔工具 （或按 P 键），选择锚点工具（或按 Shift+C 组合键），单击如图 2-2-13 所示的锚点，效果如图 2-2-14 所示。

图2-2-13

图2-2-14

(13)将"城"字中不必要的锚点删除,效果如图2-2-15所示。

2-2-15

(14)使用"垂直顶对齐""垂直底对齐""水平左对齐""水平右对齐"命令将锚点在同一水平线和同一垂直线上对齐,效果如图2-2-16所示。

图2-2-16

(15)长按钢笔工具 (或按 P 键),选择锚点工具(或按 Shift+C 组合键),单击图 2-2-15 中的锚点,效果如图 2-2-17 所示。

图2-2-17

(16)长按钢笔工具 (或按 P 键),选择删除锚点工具,将"市"字中不需要的锚点删除,如图 2-2-18 所示。

图2-2-18

(17)使用"垂直顶对齐""垂直底对齐""水平左对齐""水平右对齐"命令将锚点在同一水平线和同一垂直线上对齐,效果如图2-2-19所示。

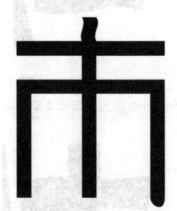

图2-2-19

(18)长按钢笔工具 (或按 P 键),选择锚点工具(或按 Shift+C 组合键),单

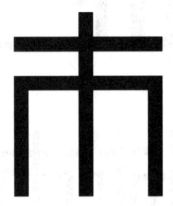

图2-2-20

（19）选择直接选择工具 ▶（或按 A 键），按住 Shift 键选中图 2-2-21 中的 7 个锚点，单击"右对齐"按钮 ，效果如图 2-2-22 所示。

图2-2-21

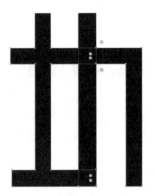

图2-2-22

（20）执行"窗口"→"路径查找器"命令（或按 Shift+Ctrl+F9 组合键），选择直接选择工具 ▶（或按 A 键），选择图 2-2-22 所示的图形，单击"路径查找器"面板

中的"形状模式"→"联集"按钮 ，将偏旁与"成"合并为一个图形，效果如图 2-2-23 所示。

图2-2-23

（21）选择直接选择工具 ▶（或按 A 键），按住 Shift 键选中图 2-2-24 中的 3 个锚点，单击"垂直底对齐"按钮，效果如图 2-2-25 所示。

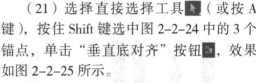

图2-2-24

图2-2-25

（22）执行"窗口"→"路径查找器"命令（或按 Shift+Ctrl+F9 组合键），选择直接选择工具 ▶（或按 A 键），选择图 2-2-25 中

的图形,单击"路径查找器"面板中的"形状模式"→"联集"按钮,将偏旁与"成"合并为一个图形,效果如图2-2-26所示。

图2-2-26

(23)选择工具栏中的矩形工具（或按 M 键）,长按图 2-2-27 中的位置,并将其拖动至图 2-2-28 中的位置时结束,效果如图 2-2-29 所示。

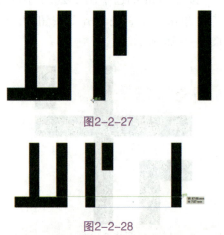

图2-2-27

图2-2-28

图2-2-29

(24)继续拖动矩形到合适的位置,效果如图 2-2-30 所示。

图2-2-30

(25)选中图 2-2-30 所示的图形,单击"路径查找器"面板中的"形状模式"→"联集"按钮,将"城"字和"市"字合并为一个图形,最终效果如图 2-2-31 所示。

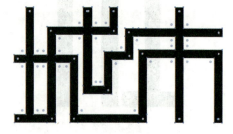

图2-2-31

▶课堂小结

字体设计的主要目的就是给观众传达有关设计师的设计意图,若字体设计缺乏准确性,不管字形美感如何,也难以实现最终目标,导致字体设计失去应有功能。因此,在设计字体的过程中需要尽可能地防止繁杂凌乱的情况出现,确保整体达到准确、清晰的效果,特别是广告与商品包装设计方面,需要重视每一条标题与字体标志内涵的发挥,充分表达出字体的含义,提高设计的准确性。

学习完本章后,读者应该了解 Illustrator 中文字编辑和应用的操作。文字作为设计中非常重要的元素,往往起到画龙点睛的作用,希望大家能够在本章的基础上进行更好的发挥,使创意文字被充分利用到平面设计中。

课后练习

1. 基础案例习题

（1）空间效果如图 2-2-32 所示。

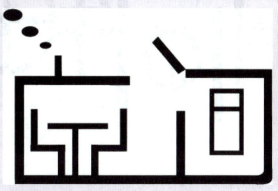

图2-2-32

（2）空间流程图如图 2-2-33 所示。

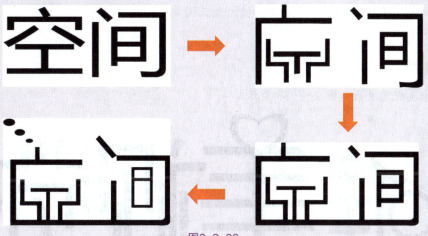

图2-2-33

核心步骤：

（1）输入文字"空间"。

（2）执行"文字"→"创建轮廓"命令（或按 Ctrl+Shift+O 组合键），将其转化为图形。

（3）长按钢笔工具（或按 P 键），选择删除锚点工具，将不需要的锚点删除。

（4）进行文字创意。

2. 提高案例习题

实例1

时间轴效果如图 2-2-34 所示。

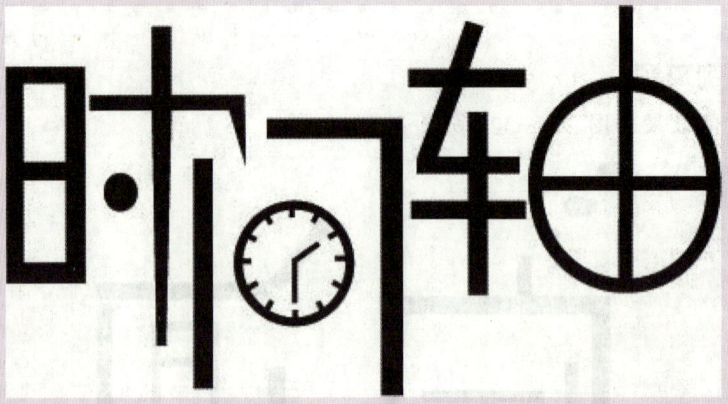

图2-2-34

核心步骤：

（1）输入文字"时间轴"。

（2）执行"文字"→"创建轮廓"命令（或按Ctrl+Shift+O组合键），将其转化为图形。

（3）选择椭圆工具，按住Shift键绘制正圆。

……

实例2

唯美视觉效果如图2-2-35所示。

图2-2-35

核心步骤：

（1）输入文字"唯美视觉"。

（2）执行"文字"→"创建轮廓"命令（或按Ctrl+Shift+O组合键），将其转化为图形。

（3）长按钢笔工具（或按P键），选择锚点工具（或按Shift+C组合键）删去不需要的描点，并进行文字创意。

……

实例3

旋转效果如图2-2-36所示。

图2-2-36

核心步骤：

（1）输入文字"旋转"。

（2）执行"文字"→"创建轮廓"命令（或按Ctrl+Shift+O组合键），将其转化为图形。

（3）长按钢笔工具（或按P键），选择锚点工具（或按Shift+C组合键）删去不需要的描点，并进行文字创意。

……

2.3 文字的特效制作

2.3.1 设计构思

（1）新建画布，输入文字，创建轮廓。
（2）添加描边与投影，增强立体效果。
（3）置入素材，突出主次。
（4）添加光点，并复制多个。
（5）置入素材，修改混合模式，完成效果图。
（6）最终效果如图2-3-1所示。

图2-3-1

2.3.2 操作步骤

扫一扫
学操作

（1）首先新建文档，执行"文件"→"新建"命令（或按 Ctrl+N 组合键），打开"新建文档"对话框，如图 2-3-2 所示，在其中设置文档的各项参数。设置完成后单击"确定"按钮。

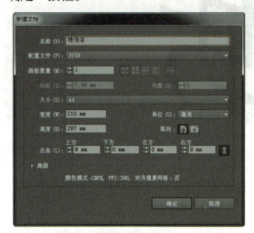

图2-3-2

（2）选择文字工具，在画面中单击，在出现的文字框中输入数字"2"，在控制面板中设置字体及字号，如图 2-3-3 所示，按 Ctrl+Shift+O 组合键为文字创建轮廓，如图 2-3-4 所示。

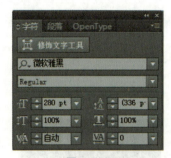

图2-3-3

图2-3-4

（3）设置填充颜色为橙色（#FF9700）、描边颜色为红色（#FF0000），将线条粗细设置为 10pt，效果如图 2-3-5 所示。

图2-3-5

（4）按 Shift+F6 组合键调出"外观"面板，如图 2-2-6 所示。

图2-3-6

（5）双击"内容"属性，展开内容选项，如图 2-3-7 所示。

图2-3-7

（6）选择"描边"属性，单击面板底部的"复制所选项目"按钮，复制该属性，如图 2-2-8 所示，将"描边"属性拖曳到"填色"属性下方，设置描边粗细为 30pt，如图 2-3-9 所示。按 F6 键调出"颜色面板"面板，修改颜色为 #B70000。

图2-3-8

图2-3-9

（7）选中图形，执行"效果"→"风格化"→"投影"命令，打开"投影"对话框，使用系统默认参数，如图 2-3-10 所示，其效果如图 2-3-11 所示。

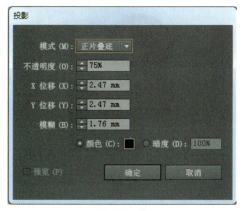

图2-3-10

图2-3-11

（8）选择直线工具 ，按住 Shift 键绘制一条直线，将描边颜色设置为浅绿色（#7ABF50），将粗细设置为 10pt，如图 2-3-12 和图 2-3-13 所示。

图2-3-12

图2-3-13

（9）选择"描边"属性，连续两次单击面板底部的"复制所选项目"按钮 ，复制该属性，如图 2-3-14 所示。

45

图2-3-14

（10）修改描边的颜色和粗细，使它们由小到大排列，粗细依次为10pt、30pt、50pt，颜色依次为#7ABF50、#469C37、#4C7935。这样才能使细描边显示在粗描边上面，如图2-3-15和图2-3-16所示。

（11）按Ctrl+Shift+E组合键应用"投影"效果，使竖线也具有与数字"2"相同的投影效果，如图2-3-17所示。按Ctrl+[组合键将竖线移动到数字"2"后面，如图2-3-18所示。

图2-3-17　　　　图2-3-18

（12）在数字"2"上绘制一个矩形，并填充黑色到透明的线性渐变，如图2-3-19所示，其效果如图2-3-20所示。

图2-3-19

图2-3-15

图2-3-16

图2-3-20

（13）选择选择工具 ，按住 Shift 键单击数字"2"，将其与矩形同时选中，如图 2-3-21 所示，单击"透明度"面板右上角的 按钮，在打开的下拉列表中，选择"建立不透明蒙版"命令，如图 2-3-22 所示，渐变图形对数字"2"形成了遮罩效果，黑色渐变覆盖的区域被隐藏，由于渐变是黑色到透明的过渡，数字"2"也呈现了一个由清晰到消失的效果，如图 2-3-23 和图 2-3-24 所示。

图2-3-21

图2-3-22

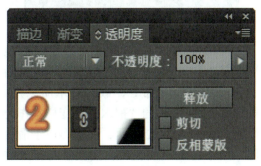

图2-3-23

图2-3-24

（14）选择椭圆工具 ，按住 Shift 键绘制一个圆形，无填充颜色，在"外观"面板中复制出两个"描边"属性，调整颜色和线条粗细。描边颜色依次为 #F0871A、#E47A10、#9B5124，如图 2-3-25 所示，修改填充和描边颜色并添加投影，如图 2-3-26 所示。

图2-3-25

图2-3-26

（15）输入数字"8"，创建轮廓，按Ctrl+Shift+[组合键将其移至底层，调整颜色和线条粗细，颜色依次为 #3FAF36、#8AC226、#0F4F2B，如图 2-3-27 所示，最终效果如图 2-3-28 所示。

图2-3-27

图2-3-29

图2-3-28

（16）执行"文件"→"置入"命令，选择"素材1"选项，取消选中"链接"复选框，使图像嵌入文档中，单击"置入"按钮，将其置入文档中，如图 2-3-29 所示，按 Ctrl+Shift+[组合键将素材 1 移至底层，如图 2-3-30 所示。

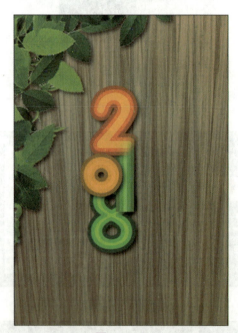

图2-3-30

（17）绘制一个与背景大小相同的矩形，执行"窗口"→"色板库"→"渐变"→"木质"命令，载入"木质"库，选择图 2-3-31 中的"柚木"渐变样本作为填充，如图 2-3-32 所示，该矩形位于最顶层，用来协调画面色调，使数字与背景的木板好像在同一个场景中。

图2-3-31

图2-3-32

（18）设置该图形的混合模式为"正片叠底"，不透明度为 75%，如图 2-3-33 所示，其效果如图 2-3-34 所示。

图2-3-33

图2-3-34

（19）按 Ctrl+C 组合键复制该矩形，按 Ctrl+F 组合键将复制的矩形粘贴到前面，在"渐变"面板中调整渐变颜色，如图 2-3-35 所示，在"透明度"面板中设置不透明度为 54%，如图 2-3-36 所示，其效果如图 2-3-37 所示。

图2-3-35

图2-3-36

图2-3-37

（20）绘制一个圆形，将"渐变"面板中的滑块设置为白色，单击右侧的滑块，将面板下方的不透明度设置为0%，形成中心为白色、边缘是透明的效果，如图2-3-38和图2-3-39所示。

图2-3-38

图2-3-40

图2-3-39

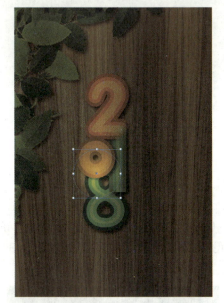

图2-3-41

（21）在"透明度"面板中设置混合模式为"叠加"，如图 2-3-40 所示，使图形呈现光斑效果，如图 2-3-41 所示。使用选择工具，按住 Alt 键拖曳圆形进行复制，并适当调整大小，如图 2-3-42 所示，再复制一些圆形，将混合模式设置为"正常"，使圆形形成闪亮的光点，如图 2-3-43 所示。

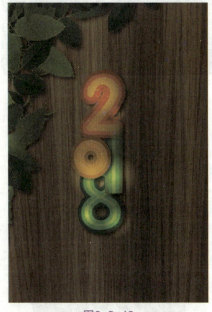

图2-3-42

第 2 章 文字的处理与编辑

图2-3-43

（22）按 Ctrl+O 组合键，打开"素材 2"，如图 2-3-44 所示。

图2-3-44

（23）在"透明度"面板中设置混合模式为"叠加"，如图 2-3-45 所示，最终效果如图 2-3-46 所示。

图2-3-45

图2-3-46

▶ 课堂小结

文字是设计的灵魂，它不仅应用于文字变形方面，在平面设计与图像编辑中还占有非常重要的地位。文字特效往往起到画龙点睛的作用，使文字充分被利用到平面设计中去，更加栩栩如生，具有很好的视觉效果。

课后练习

1. 基础案例习题

拼贴布艺字流程如图 2-3-47 所示。

图2-3-47

核心步骤：

（1）选择文字工具，在画面中输入文字，在控制面板中设置字体和字号。

（2）按下 Shift+Ctrl+O 组合键将文字创建为轮廓。

（3）选择刻刀工具，在文字上划过，将文字切成六部分。

（4）文字切开后依然位于一个编组中，按下 Shift+Ctrl+G 组合键取消编组。

（5）改变其他图形的颜色，按下 Ctrl+A 组合键将图形全部选中，执行"效果"→"风格化"→"内发光"命令，设置不透明度为55%，选择"边缘"选项，模糊参数为 2.47mm。

(6)执行"效果"→"风格化"→"投影"命令,设置不透明度为70%,X、Y位移参数为0.47mm。

(7)执行"效果"→"扭曲和变换"→"收缩和膨胀"命令,设置参数为5,使布块的边线呈现不规则的变化。

(8)将"图层1"拖动到面板底部的"复制所选项目"按钮上,复制该图层,图层后面依然有控点显示,说明该图层中的内容处于选取状态。

(9)打开"外观"面板,在"投影"属性上单击将其选取,按住Alt键单击面板底部的"投影"图标,即可取消当前所选对象的投影效果。

(10)下面来画一组类似缝纫线的图形,将它在绘制路径时,应用该画笔就会产生缝纫线的效果。

(11)先绘制一个粉色的矩形,这个图形只是作为背景衬托。使用圆角矩形工具创建一个图形,并填充为黑色,使用椭圆工具按住Shift键绘制圆形,并填充为白色,按下Ctrl+[组合键将其移动到黑色图形后面。

2. 提高案例习题

实例1

"立体"装饰字效果如图2-3-48所示。

图2-3-48

核心步骤:

(1)选择文字"立体",执行"对象"→"3D效果"→"凸出和斜角"命令。

(2)打开"3D凸出和斜角选项"对话框,指定X轴、Y轴和Z轴的旋转参数;设置凸出厚度为40pt;单击"新建光源"按钮添加新的光源,并调整光源位置。

(3)选择文字"立体",按下Ctrl+C组合键复制,按下Ctrl+F组合键将复制的字粘贴到前面。

实例2

"锈"装饰字效果如图2-3-49所示。

图2-3-49

核心步骤：

（1）执行"文件"→"新建"命令，新建一个空白文档后，输入文字"锈"。

（2）执行"效果"→"3D"→"凸出和斜角"命令，在弹出的对话框中设置参数，拖曳预览框中的光源，改变其位置，单击"新建光源"按钮，再添加一个光源。

（3）执行"文件"→"置入"命令，选择一个素材，取消选中"链接"复选框，使图像嵌入到文档中，单击"置入"按钮，将图像置入当前文件。

……

实例3

"AI"装饰效果如图2-3-50所示。

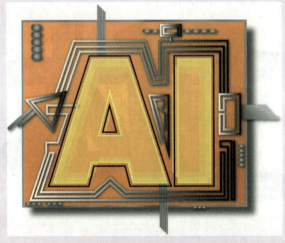

图2-3-50

核心步骤：

（1）用文字工具输入字母"AI"。

（2）按Ctrl+T组合键调出"字符"面板，调整字体大小及水平缩放参数。

（3）用钢笔工具绘制开放路径，将描边宽度设置为4pt。

（4）行"对象"→"路径"→"轮廓化描边"命令，用渐变添加颜色。

（5）行"效果"→"风格化"→"投影"命令，在弹出的对话框设置参数。

（6）新建一个图层，在新图层上绘制一个矩形，并改变其描边及投影。

（7）绘制圆角矩形放在合适位置。

第 3 章

图形图像的艺术处理

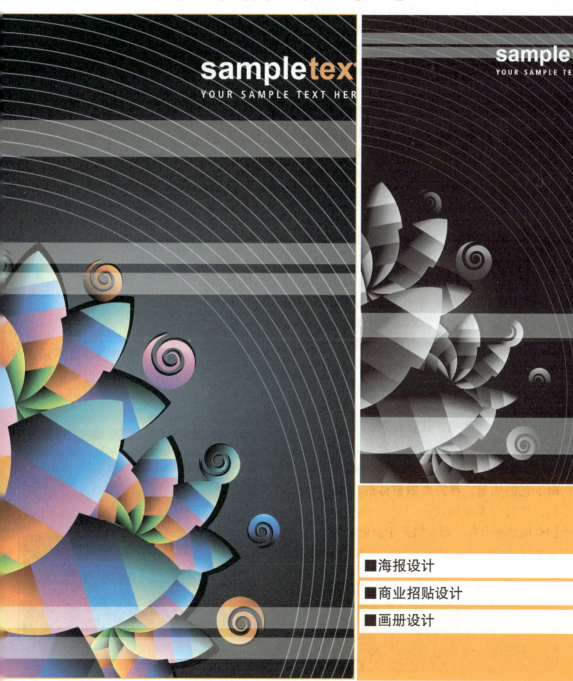

- ■ 海报设计
- ■ 商业招贴设计
- ■ 画册设计

海报又称"招贴"或"宣传画",分布在各街道、影剧院、展览会、车站、码头、公园等公共场所,被称为"瞬间"的街头艺术。海报招贴(Post)是广告艺术中比较大众化的一种体裁,用来完成一定的宣传任务,或者为报道、广告、劝喻、教育等目的服务。在我国用于公益或文化宣传的招贴,称为公益招贴或文化招贴,也可简称为宣传画;用于商品宣传的招贴,则称为商品广告招贴或商品宣传画。而这一切,在国外某些国家通称为广告画,如商品广告、文化广告、艺术广告和公用广告等。

文化类海报招贴,更加接近于纯粹的艺术表现,是最能张扬个性的一种设计艺术形式,可以在其中注入一个民族的精神、一个国家的精神、一个企业的精神,或者一个设计师的精神;商业海报招贴具有一定的商业意义,其艺术性服务于商业目的,并为商业目的而努力。

企业宣传册是以纸质材料为直接载体,以企业文化、企业产品为传播内容,是企业对外最直接、最形象、最有效的宣传形式。宣传册是企业宣传不可或缺的资料,它能很好地结合企业特点,清晰地表达宣传册中的内容,快速地传达宣传册中的信息,是宣传册设计的重点。一本好的宣传册除包括环衬、扉页、前言、目录、内页外,还包括封面、封底的设计。宣传册设计讲求一种整体感,从宣传册的开本、文字艺术,以及目录和版式的变化,从图片的排列到色彩的设定,从材质的挑选到印刷工艺的质量,都需要做整体的考虑和规划,然后合理地调动一切设计要素,将它们有机地融合在一起,服务于企业内涵。

扫一扫
学操作

> 🔍 **学习目标**
> 1. 了解海报招贴的相关基础知识。
> 2. 理解海报设计的相关要求。
> 3. 公益海报与商业海报的制作。
> 4. 画册的制作。

3.1 海报设计

3.1.1 设计构思

(1)新建文档。
(2)输入文字,进行文字创意。
(3)执行剪贴蒙版。
(4)最终效果如图3-1-1所示。

图3-1-1

3.1.2 操作步骤

(1)首先新建文档,执行"文件"→"新建"命令(或按 Ctrl+N 组合键),打开"新建文档"对话框,如图3-1-2所示,在其中设置文档的各项参数。设置完成后单击"确定"按钮。

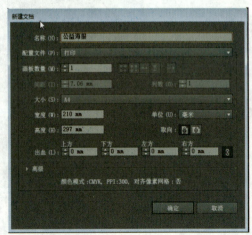

图3-1-2

（2）选择文字工具 T，在文档中单击，在出现的编辑框中输入文字"音乐节"，在控制面板中设置字体及字号，如图 3-1-3 所示，按 Ctrl+Shift+O 组合键，将文字转换为轮廓，如图 3-1-4 所示。

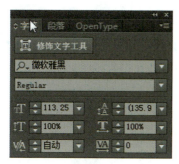

图 3-1-3

图 3-1-4

（3）选择旋转扭曲工具，通过添加或删除锚点进行文字创意变形，并填充渐变色（#2655A5 - #0C1531）如图 3-1-5 所示。

图 3-1-5

（4）给海报背景添加一个由黑到白的径向渐变，如图 3-1-6 所示。

图 3-1-6

（5）例用钢笔工具 绘制出一个吉他的形状，如图 3-1-7 所示。

图 3-1-7

（6）使用钢笔工具画出不同音符形状，并填充渐变色（#2655A5 - #0C1531），如图 3-1-8 所示。

图 3-1-8

（7）按住 Alt 键复制多个音乐符号，填满整个吉他，选中"符号和吉他"全选，按 Ctrl+7 组合键，执行"剪切蒙版"命令，如图 3-1-9 所示。

图 3-1-9

（8）在海报左下角随意摆放不同的音乐符号，如图3-1-10所示。

图3-1-10

图3-1-11

（9）输入"中国大学生""CHINA COLLEGE STUDENT MUSIC FESTIVAL""中国大学生的专属音乐节""用知识创造音乐 用知性演绎音乐""YONG ZHI SHI CHUANG ZAO YIN YUEYONG ZHI XING YAN YI YIN YUE""2015中国大学生音乐节，由中国音像协会、新华网、国家音乐产业基地、北大青鸟音乐集团联合主办是目前国内规模最大、影响范围最广、校园项目最为持久的一次大型音乐节项目。联合全国百所高校，发掘校园当中的音乐才子，打造属于中国大学生最具权威的音乐文化项目品牌。"如图3-1-11所示，最终效果如图3-1-12所示。

图3-1-12

课堂小结

随着社会教育的不断发展和社会文明的提高，海报艺术作为一种文化宣导被广泛地运用，公益海报就是常见的一种。它作为一种独特的艺术表现形式，有着其他艺术形式所没有的功能和作用。一幅优秀的公益海报作品，不仅能从深层反映出现代社会中的经济与文化状况，而且能对规范社会行为、改善社会风气、创造良好社会环境起一定的指导作用，也是体现社会和谐的一个途径。

课后练习

1. 基础案例习题

特效海报流程如图3-1-13 ~ 图3-1-16所示。

图3-1-13

图3-1-14

图3-1-15

图3-1-16

核心步骤：

1. 使用矩形工具画出背景图形，并填充颜色。

2. 使用矩形工具绘制矩形并填充颜色，执行效果－扭曲和变换－变换进行复制，然后再执行对象－扩展外观。

3. 按住 Alt 键拖动复制出来两份，文字工具输入文字，ctrl+shift+o 轮廓化，调整大小位置，执行 ctrl+7 创建剪切蒙版，调整位置关系。

4. 执行对象－封套扭曲－从网格建立，行4列4进行调整，再次执行对象－扩展，将文字分离开来。

5. 使用文字工具输入相应文字内容并调整位置关系。

2. 提高案例习题

实例1

绿色环保海报效果如图3-1-17所示。

图3-1-17

核心步骤：

（1）新建文档（210mm×297mm）。
（2）使用椭圆工具按住Shift键画出正圆形，并填充颜色。
（3）使用钢笔工具勾勒出灯泡的路径，并填充颜色。
（4）置入树、环保图标、背景楼房等素材。
（5）输入文字"绿色环保 低碳环保"等。

实例2

清明时节海报效果如图3-1-18所示。

图3-1-18

核心步骤:

(1)输入文字"清明时节",将其添加颜色并进行文字创意。

(2)置入相对应的素材。

(3)输入文字"Qing Ming Shi Jie""清明节又叫踏青节""'清明'最早只是一种节气的名称,其变成纪念祖先的节日与寒食节有关。""'清明'是中国重要的'时年八节'之一一般是在公历4月5号前后,时节很长,有10日前8日后及10日前10日后两种说法,这近20天内均属清明节。清明节原是指春分十五天后"。

(4)使用钢笔工具绘制半椭圆形状,无填充颜色,设置描边为#A3D4B0。

实例3

留守儿童海报效果如图3-1-19所示。

图3-1-19

核心步骤:

(1)设置背景颜色为#E5E6CC。

(2)输入文字"关爱留守儿童"。

(3)置入相对应的素材。

(4)输入文字"留守一份真情,奉献一份爱心,让我们共同呵护那孤独的心 用心点燃希望 用爱撒播人间 Human heart lit hope with love aeroplanes 关爱留守儿童 他们也需要一个温暖的家"。

3.2 商业招贴设计

3.2.1 设计构思

（1）新建画布，并填充颜色。
（2）使用星形和直接选择工具将尖角变为圆角，使用线条工具画出随性的线条。
（3）使用圆角矩形、椭圆形等工具画出图案，使画面更具有灵动性。
（4）输入文字为主体。
（5）最终效果如图3-2-1所示。

图3-2-1

3.2.2 操作步骤

（1）首先新建文档，执行"文件"→"新建"命令（或按Ctrl+N组合键），打开"新建文档"对话框，如图3-2-2所示，在其中设置文档的各项参数。设置完成后单击"确定"按钮。

扫一扫
学操作

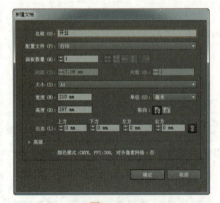

图3-2-2

（2）使用矩形工具（或按M键）拖曳出一个与页面相同大小的矩形，设置颜色为#080032，描边为无，如图3-2-3所示。

图3-2-3

（3）选择矩形工具组中的星形工具，在左上角拖曳出一个五角星，设置颜色为#FFD900，设置描边为无，选择直接选择工具，将五角星变为圆角，如图3-2-4所示。

图3-2-4

（4）复制图层到前面，将其缩小，填充颜色为#F80140，如图3-2-5所示，多余部分使用"橡皮擦"工具擦除，如图3-2-6所示。

图3-2-5

图3-2-6

（5）使用圆角矩形工具 ▭ 单击画面，在弹出的对话框中输入如图3-2-7所示的数据，并填充颜色为#D83153，效果如图3-2-8所示。

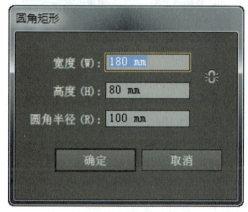

图3-2-7

图3-2-8

（6）按住Shift+Alt组合键向右复制一个圆角矩形，并填充颜色为#268CC5，如图3-2-9所示，再按住Ctrl+D组合键重复复制，拖曳出4个矩形，设置参数同步骤（5），并把多余部分删除，如图3-2-10所示。

图3-2-9

图3-2-10

（7）选择多边形工具 ⬡，按住Shift键在中心拖曳出一个六边形，填充颜色为#0F1A39，描边颜色为#CB3350，设置线条粗细为30pt，如图3-2-11所示。

图3-2-11

（8）将路径复制一份，并在如图3-2-12所示的位置添加两个锚点。选中如图3-2-13所示的锚点，按Delete键将其删除，将描边颜色更改为#268CC5，如图3-2-14所示。

（9）使用画笔工具 ![](）（或按B键）在左上角绘制一些随意的线条，如图3-2-15所示。

图3-2-12

图3-2-15

（10）选择圆角矩形工具 ![](），将填充颜色更改为无，设置描边颜色为#268CC5、线条粗细为10pt，如图3-2-16所示，按住Alt键向下复制一个，将描边颜色更改为#D83153，如图3-2-17所示，按住Alt键再左下角复制两个，将描边颜色更改为#E9D12E，如图3-2-18所示。

图3-2-13

图3-2-14

图3-2-16

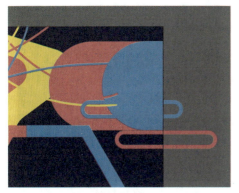

图3-2-17

图3-2-20

(12)使用钢笔工具 (或按P键),勾勒出如图3-2-21所示的形状,并按Ctrl+[组合键,向下移至图3-2-22所示的位置。

图3-2-18

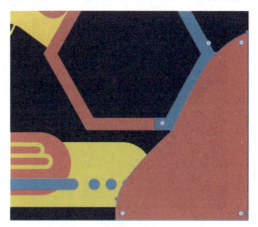

图3-2-21

(11)选择圆角矩形工具 ,将填充颜色更改为#268CC5,设置描边颜色为无,如图3-2-19所示,选择椭圆工具 (或按L键),按住Shift键画出正圆,如图3-2-20所示。

图3-2-19

图3-2-22

（13）使用钢笔工具 （或按 P 键），在右下角画出如图 3-2-23 所示的三角形，并按住 Shift+Alt 组合键向左复制，如图 3-2-24 所示。

图3-2-23

图3-2-24

（14）选择椭圆工具 （或按 L 键）绘制一个椭圆，并选中如图 3-2-25 所示的锚点垂直向下拖动，效果如图 3-2-26 所示，按住 Shift+Alt 组合键向下复制，如图 3-2-27 所示。

图3-2-25

图3-2-26

（15）选择矩形工具 （或按 M 键），在如图 3-2-28 所示的位置绘制一个矩形。

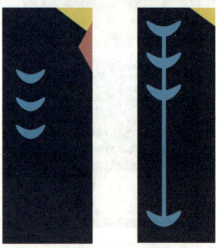

图3-2-27　　　　图3-2-28

（16）按住 Alt 键向右复制，将填充颜色更改为 #E9D12E，如图 3-2-29 所示。

图3-2-29

(17)选择文字工具 T (或按 T 键),输入文字"VIP",并填充颜色为 #268CC5,数值参数如图 3-2-30 所示,输入文字"会员招募",并填充颜色为 #D83153,数值参数不变,效果如图 3-2-31 所示。

图3-2-33

(19)输入英文"OPEN"填充,颜色为 #E9D12E,数值参数如图 3-2-34 所示,将其旋转 90°,效果如图 3-2-35 所示。

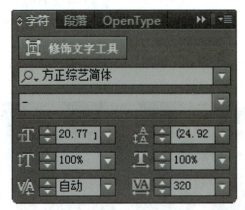

图3-2-30

图3-2-31

(18)输入文字"开业",填充颜色为 #E9D12E,数值参数如图 3-2-32 所示,效果如图 3-2-33 所示。

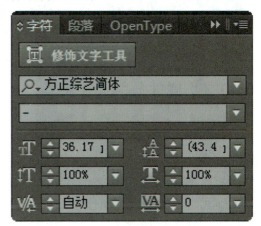

图3-2-34

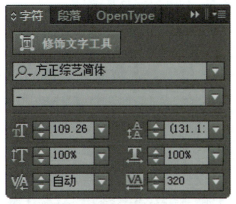

图3-2-32

图3-2-35

（20）选择椭圆工具 ◯（或按 L 键），按住 Shift 键拖曳出一个正圆，填充颜色为 #D83153，设置描边颜色为 #E9D12E、线条粗细为 3pt，如图 3-2-36 所示。按住 Alt 键向右复制两个，效果如图 3-2-37 所示。

图3-2-36

图3-2-37

（21）输入文字"专享优惠""双倍积分""兑换好礼"，填充颜色为 #E9D12E，数值参数如图 3-2-38 所示，效果如图 3-2-39 所示。

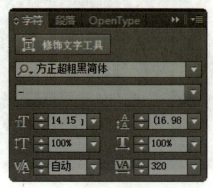

图3-2-38

图3-2-39

（22）使用钢笔工具 ✒（或按 P 键）勾勒出如图 3-2-40 所示的形状，填充颜色为 #2984B8。接着使用钢笔工具勾勒出如图 3-2-41 所示的形状，颜色依次为 #CB3350 和 #E9D12E。

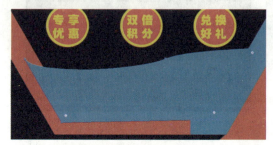

图3-2-40

图3-2-41

（23）输入文字"开业"，填充颜色为 #CB2D51，其参数如图 3-2-42 所示，输入文字"大酬宾"，填充颜色为 #268CC5，参数不变，如图 3-2-43 所示。

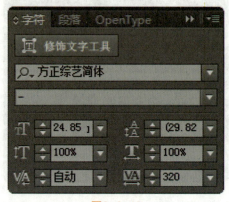

图3-2-42

图3-2-43

（24）选择椭圆工具 ◯（或按 M 键），按住 Shift 键绘制两个正圆形，效果如图 3-2-44 所示，填充颜色依次为 #CB2D51 和 #268CC5。

图3-2-44

（25）调整图层使之成为一个整体，如图 3-2-45 所示。

图3-2-45

课堂小结

　　招贴是现代广告中使用最频繁、最广泛、最便利、最快捷和最经济的传播手段之一。随着世界经济的飞速发展，商界和企业界对自身形象宣传逐渐重视，同时创意设计也越来越受到艺术界的重视，使现代的招贴设计不但具有传播实用的价值，还具极高的艺术欣赏性和收藏性。招贴设计作为高校艺术设计类专业的主要课程与其他设计一样，最重要的是有一个好的创意。好的创意能恰当地点破主题，提供新颖的表现手法，引人入胜。

　　一张具有高超技巧而没有创意的招贴，就如同一座只有美丽的外壳而没有生命力的塑像一样。因此，高校中的招贴设计教学环节，创意思维的培养也变成一项越来越重要的任务。招贴的生命和灵魂在于创意，创意是招贴创作的核心，它能使招贴的主题突出并具有深刻的内涵。招贴能否在瞬间吸引观众，使人产生心理上的共鸣，从而达到迅速准确地传达信息的目的，已成为招贴作品获得成功的最关键因素，也是现代招贴最主要的特征之一。

> 课后练习

1. 基础案例习题

实例1

冬令营海报效果如图 3-2-46~图 3-2-49 所示。

图 3-2-46

图 3-2-47

图 3-2-48

图 3-2-49

核心步骤：

（1）首先新建文档，执行"文件"→"新建"命令（或按 Ctrl+N 组合键），打开"新建文档"对话框，在其中设置文档各项参数。

（2）输入文字并进行文字变形。

（3）置入"环球旅行"素材。

（4）置入"加入马上 GO"素材。

（5）设置间距为 30。

（6）输入文字"招生对象""冬令营时间""冬令营地点""报名时间""报名地点"。

（7）使用椭圆工具按住 Shift 键，绘制一些大小不一的圆形并选中，执行"效果"→"风格化"→"羽化"命令，适当将其羽化。

实例 2

衣服开了海报效果如图 3-2-50 所示。

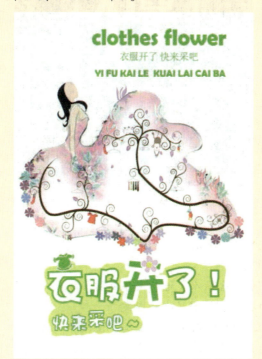

图 3-2-50

核心步骤：

（1）新建文本文档（210mm×297mm）。

（2）输入文字"衣服开了！快来采吧~"。

（3）进行文字变形和文字创意。

（4）使用钢笔工具勾勒出衣服线条并进行美化。

2. 提高案例习题

实例 1

招募合伙人海报效果如图 3-2-51 所示。

图 3-2-51

核心步骤：

（1）新建文本文档（210mm×297mm）。

（2）填充背景颜色。

（3）输入文字"招募合伙人"进行文字创意。

（4）使用钢笔勾勒出背景图层中的图案。

（5）使用椭圆工具按住Shift绘制正圆，使用矩形工具绘制出矩形条，运用路径查找器制作出几何图形。

实例2

招募商业精英海报效果如图 3-2-52 所示。

核心步骤：

（1）新建文本文档（210mm×297mm）。

（2）填充背景颜色。

（3）使用钢笔勾勒出背景图层中的图案。

（4）使用圆角矩形工具绘制出路径，使用文字工具中的路径文字工具绘制形状。

图 3-2-52

3.3 画册设计

3.3.1 设计构思

（1）新建画布，并填充颜色。

（2）使用星形工具并变为圆角，使用线条工具画出随性的线条。

（3）使用圆角矩形、椭圆形等工具绘制图案，使画面更具有灵动性。

（4）输入主体文字。

（5）最终效果如图 3-3-1~ 图 3-3-5 所示。

图 3-3-1

图 3-3-4

图 3-3-2

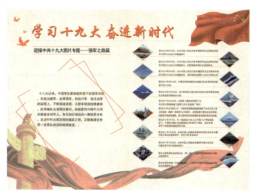

图 3-3-5

图 3-3-3

3.3.2 操作步骤

（1）首先新建文档，执行"文件"→"新建"命令（或按 Ctrl+N 组合键），打开"新建文档"对话框，如图 3-3-6 所示，在其中设置文档的各项参数。设置完成后单击"确定"按钮。

扫一扫
学操作

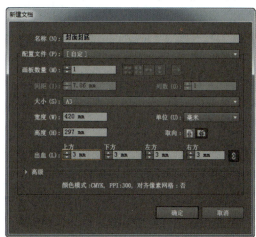

图 3-3-6

（2）执行"文件"→"置入"→"素材1"命令，把素材1置入文档中，效果如图3-3-7所示，执行"文件"→"置入"→"素材2"命令，把素材2置入文档中，效果如图3-3-8所示。

图3-3-7

图3-3-8

（3）输入文字"十九大宣传手册"，填充颜色为#FF0000，设置描边颜色为#FFF200，参数设置如图3-3-9所示，执行"效果"→"风格化"→"投影"如图3-3-10所示，使用星形工具在"九"字上拖出一个五角星，填充颜色为#FFF200，如图3-3-11所示。

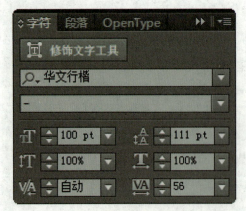

图3-3-9

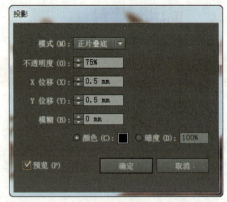

图3-3-10

图3-3-11

（4）执行"文件"→"置入"→"素材3"命令，把素材3置入文档中，效果如图3-3-12所示，执行"文件"→"置入"→"素材4"命令，把素材4置入文档中，效果如图3-3-13所示。

图3-3-12

第3章 图形图像的艺术处理

图3-3-13

图3-3-16

（5）输入文字"不忘初心 牢记使命"，填充颜色为#040000，参数设置如图3-3-14所示，使用矩形工具在文字两旁添加矩形，如图3-3-15所示。

（7）新建一个和之前相同大小的文档，并命名为"一二页"。执行"文件"→"置入"→"素材6"命令，把素材6置入"一二页"中，如图3-3-17所示。

扫一扫
学操作

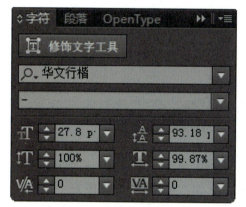

图3-3-14

图3-3-17

（8）选中素材3~素材5，执行"文件"→"置入"命令，将其置入"一二页"中，如图3-3-18所示，输入文字"高铁，让回家的路更近了"，填充颜色为#FF0000，参数设置如图3-3-19所示，添加投影，参数设置如图3-3-20所示，效果如图3-3-21所示。

图3-3-15

（6）执行"文件"→"置入"→"素材5"命令，把素材5置入文档中并复制摆放，效果如图3-3-16所示。

图3-3-18

75

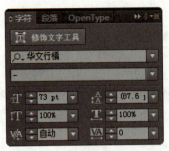

图3-3-19

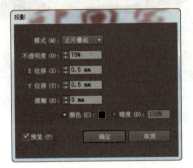

图3-3-20

图3-3-21

（9）输入文字"迎接中共十九大图片专题——中国高铁篇"，填充颜色为#231815，参数设置如图3-3-22所示，效果如图3-3-23所示。

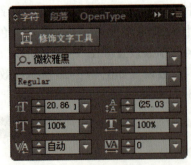

图3-3-22

图3-3-23

（10）使用钢笔工具（或按P键）按住Shift键，绘制一条水平路径，将填充颜色更改为无，设置描边颜色为#FF0000、线条粗细为2pt，效果如图3-3-24所示。

迎接中共十九大图片专题——中国高铁篇

图3-3-24

（11）使用文字工具（或按T键），拖曳出一个如图3-3-25所示的文本框。

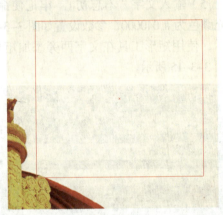

图3-3-25

（12）置入文字素材"中国高铁篇"中部分文字，如图3-3-26所示，填充颜色为#804E35，按Ctrl+T组合键弹出"字符"面板，将字体大小更改为12 pt，将行距改为26 pt，将所选字符的字距调整更改为69，效果如图3-3-27所示。（注意字符不能作为每行的开头）

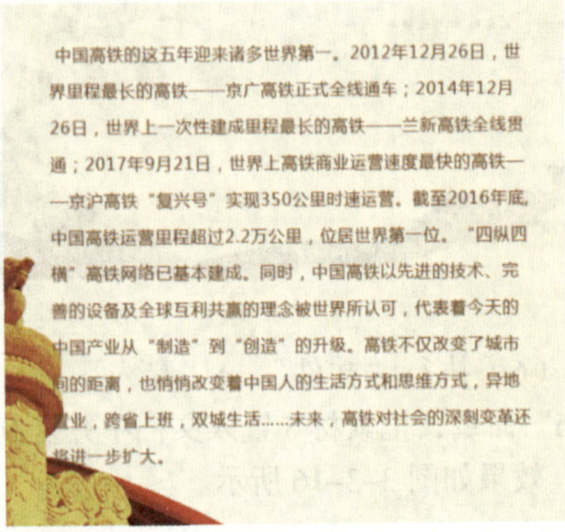

图3-3-26

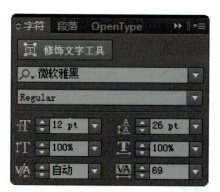

图3-3-27

（13）选择矩形工具 ■（或按 M 键），在文字周围拖曳出一个矩形，将填充颜色更改为无，将描边颜色更改为 #E71F19，设置线条粗细为 2pt，如图 3-3-28 所示，使用添加锚点工具 在如图 3-3-29 所示的位置添加 4 个锚点。

（14）选中左上角和右下角的锚点，按 Delete 键将其删除，效果如图 3-3-30 所示，选中按 Ctrl+C 组合键复制后按 Ctrl+F 组合键粘贴，选择旋转工具 （或按 R 键），单击画面，在弹出的对话框中输入如图 3-3-31 所示的数据，单击"确定"按钮，效果如图 3-3-32 所示。

图3-3-30

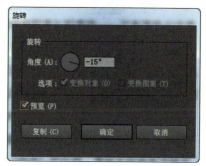

图3-3-31

图3-3-28

图3-3-29

图3-3-32

（15）线条与背景素材重叠导致层次感不明显，选中背景素材4和素材5，单击"透明度"按钮，设置不透明度为50%，效果如图3-3-33所示。

图3-3-33

（16）执行"文件"→"置入"→"素材7~素材14"，将其置入"一二页"中，并缩放至合适大小，效果如图3-3-34所示。

图3-3-34

（17）置入"中国高铁篇"中部分文字，文字参数如图3-3-35所示，效果如图3-3-36所示，调整排版后效果如图3-3-37所示。

图3-3-35

图3-3-36

图3-3-37

（18）使用矩形工具（或按M键）和钢笔工具绘制路径，填充颜色为#E71F19，设置线条粗细为1pt，将填充颜色更改为无，如图3-3-38所示，最终效果如图3-3-39所示。

第3章 图形图像的艺术处理

图3-3-38

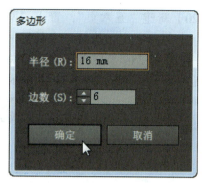

图3-3-41

图3-3-42

图3-3-39

图3-3-43

（19）新建文档"三四页"，操作同步骤（7），执行"文件"→"置入"→"素材15"命令，将素材15置入"三四页"中并调整，如图3-3-40所示，选择多边形工具，单击画面，在弹出的对话框中输入如图3-3-41所示的数据，单击"确定"按钮。选中"素材15"和六边形，如图3-3-42所示，按Ctrl+7组合键剪切蒙版，如图3-3-43所示。执行"文件"→"置入"→"素材16~素材24"命令，将其置入"三四"页中，然后置入"绿色生态篇"中部分文字，效果如图3-3-44所示。

扫一扫
学操作

图3-3-40

图3-3-44

79

扫一扫
学操作

扫一扫
学操作

（20）新建"五六页"，置入"网络经济篇"中部分文字，执行"文件"→"置入"→"素材25~素材30"命令，将其置入"五六页"中效果如图3-3-45所示。

（21）新建"七八页"，置入"强军之路篇"中部分文字，执行"文件"→"置入"→"素材31~素材42"命令，将其置入"七八页"中，效果如图3-3-46所示。

图3-3-45

图3-3-46

课堂小结

本案例是利用图片、文字和几何形状绘制十九大的宣传手册，通过本节的练习可以让读者初步掌握Illustrator软件中基本排版的特性，为今后绘制更复杂、更优质的图形打下坚实的基础。

课后练习

1. 基础案例习题

宠萌生活杂志制作流程如图3-3-47~图3-3-54所示。

图3-3-47

80

第 3 章　图形图像的艺术处理

图3-3-48

图3-3-49

图3-3-50

图3-3-51

图3-3-52

图3-3-53

第3章 图形图像的艺术处理

图3-3-54

核心步骤:

(1) 新建文本文档（426 mm×297 mm），CMYK 模式。

(2) 使用标尺（或按 Ctrl+R 组合键）标出出血范围为 3 mm。

(3) 使用文字工具输入相对应的文字。

(4) 使用矩形工具或椭圆工具绘制图形。

(5) 适当降低不透明度。

(6) 使用矩形工具绘制图形，并置入图片，按 Crl+7 组合键剪切蒙版。

2. 提高案例习题

实例1

调味品宣传册流程图如图 3-3-55~图 3-3-58 所示。

图3-3-55

图3-3-56

图3-3-57

图3-3-58

核心步骤:
(1) 置入图片素材,并将其放到合适的位置。
(2) 用矩形工具拖曳出一个矩形并更改不透明度。
(3) 输入文字并更改字符大小和位置,使排版更美观。

实例2

绘制流程图如图3-3-59~图3-3-63所示。

图3-3-59

图3-3-60

图3-3-61

图3-3-62

图3-3-63

核心步骤：

（1）使用矩形工具拖曳出一个矩形，并调整位置。

（2）置入图片素材。

（3）输入文字，并调整排版。

实例3

婚纱影楼画册流程图如图3-3-64~图3-3-67所示。

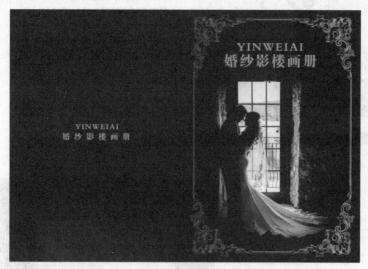

图3-3-64

图3-3-65

图3-3-66

图3-3-67

核心步骤:

(1) 使用矩形工具铺底色。

(2) 置入图片素材,并放到合适的位置。

(3) 输入文字,使排版更美观。

第 4 章

企业形象设计

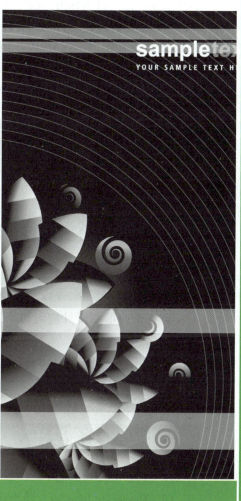

- 认识企业形象
- VI 设计

企业形象设计（Corporate Identity）又称 CI 设计，是指企业的经营理念、文化素质、经营方针、产品开发、商品流通等有关企业经营的所有因素。从信息这一观点出发，从文化、形象、传播的角度来进行筛选，找出企业具有的潜在力，找出它的存在价值及美的价值，并加以整合，使其在信息社会环境中转换为有效的标识。这种开发及设计的行为称为"CI"。

本章主要讲解使用 Illustrator 软件制作整套 VI 设计，在绘制的过程中，让读者了解什么是企业形象设计及企业形象设计理念。

> **学习目标**
> 1. 了解企业形象设计。
> 2. 掌握 LOGO 设计。

4.1 认识企业形象

4.1.1 设计构思

学习企业形象设计应对以下几点进行了解。
（1）CI 的具体组成部分。
（2）设计理念与作用。
（3）构成要素。

4.1.2 企业形象设计

1. CI 的具体组成部分

CI（Corporate Identity）译为企业识别，CIS（Corporate Identity System）译为企业识别系统。Corporate 为企业，Identity 包含同一、一致、认出、识别、个性、特征等意思。其中，识别表达了一种自我同一性。也就是说，自己认识自己和别人对自己的认识趋于一致，达成共识。用在企业上就可以理解为：企业内部对企业的自我识别与来自企业外部对企业特性的识别认同是一致的，并达成共识。企业形象设计又称 CI 设计。

CI 系统是由理念识别（Mind Identity，MI）、行为识别（Behaviour Identity，BI）和视觉识别（Visual Identity，VI）三方面所构成的。

（1）理念识别。理念识别是确立企业独具特色的经营理念，是企业生产经营过程中设计、科研、生产、营销、服务、管理等经营理念的识别系统。它是企业对当前和未来一个时期的经营目标、经营思想、营销方式和营销形态所做的总体规划和界定，主要包括：企业精神、企业价值观、企业信条、经营宗旨、经营方针、市场定位、产业构成、组织体制、社会责任和发展规划等，属于企业文化的意识形态范畴。

（2）行为识别。行为识别是企业实际经营理念与创造企业文化的准则，是对企业运作方式所做的统一规划而形成的动态识别形态。它是以经营理念为基本出发点，对内是建立完善的组织制度、管理规范、职员教育、行为规范和福利制度；对外则是开拓市场调查、进行产品开发，通过社会公益文化活动、公共关系、营销活动等方式来传达企业理念，以获得社会公众对企业识别认同的形式。

（3）视觉识别。视觉识别是以企业标志、标准字体、标准色彩为核心展开的完整的、体系的视觉传达体系，是将企业理念、文化特质、服务内容、企业规范等抽象语意转换为具体符号的概念，塑造出独特的企业形象。视觉识别系统分为基本要素系统和应用要素系统两方面。基本要素系统主要包括企业名称、企业标志、标准字、标准色、象征图案、宣传口号、市场行销报告书等。应用系统主要包括办公事务用品、生产设备、建筑环境、产品包装、广告媒体、交通工具、衣着制服、旗帜、招牌、标识牌、橱窗、陈列展示等。视觉识别（VI）在 CI 系统中最具有传播力和感染力，最容易被社会大众所接受，具有主导的地位。

2. 设计理念与作用

将企业文化与经营理念统一设计，利用整体表达体系（尤其是视觉表达系统），传达给企业内部与公众，使其对企业产生一致的认同感，以形成良好的企业形象，最终促进企业产品和服务的促销。CI 的作用主要分为对内与对外两方面。

（1）对内。企业可通过 CI 设计对其办公系统、生产系统、管理系统，以及营销、包装、广告等宣传形象形成规范设计和统一管理，由此调动企业每个职员的积极性和归属感、认同感，使各职能部门能各行其职、有效合作。

（2）对外。通过一体化的符号形式来形成企业的独特形象，便于公众辨别、认同企业形象，以促进企业产品或服务的推广。

3. 设计构成要素

（1）基本要素。设计的基本要素系统严格规定了标志图形标识、中英文字型、标准色彩、企业象征图案及其组合形式，从根本上规范了企业的视觉基本要素，基本要素系统是企业形象的核心部分，包括企业名称、企业标志、企业标准字、标准色彩、象征图案、组合应用和企业标语口号等。

（2）应用要素。应用要素系统设计即是对基本要素系统在各种媒体上的应用所做出的具体而明确的规定。当企业视觉识别最基本要素标志、标准字、标准色等被确定后，就要从事这些要素的精细化作业，开发各应用项目。VI 各视觉设计要素的组合系统因企业规模、产品内容不同而有不同的组合形式。最基本的是将企业名称的标准字与标志等组成不同的单元，以配合各种不同的应用项目。当各种视觉设计要素在各应用项目上的组合关系确定后，就应严格固定下来，以期达到通过同一性、系统化来加强视觉诉求力的作用。

▶ 课堂小结

VI（Visual Identity），即企业 VI 视觉设计，是企业设计的重要组成部分（VI、CIS、企业形象系统）。随着社会的现代化、工业化和自动化的发展，加速了企业优化组合的进程，其规模不断扩大，组织机构日趋繁杂，产品快速更新，市场竞争也变得更加激烈。另外，各种媒体的急速膨胀，传播途径不约而同，受众面对大量繁杂的信息，变得无所适从。企业比以往任何时候都需要统一的、集中的 VI 设计传播，个性和身份的识别因此显得尤为重要。

▶ 课后练习

欣赏以下企业形象设计。

实例1

大众企业 VI 应用欣赏如图 4-1-1~图 4-1-13 所示。

图4-1-1

图4-1-2

图4-1-3

第 4 章　企业形象设计

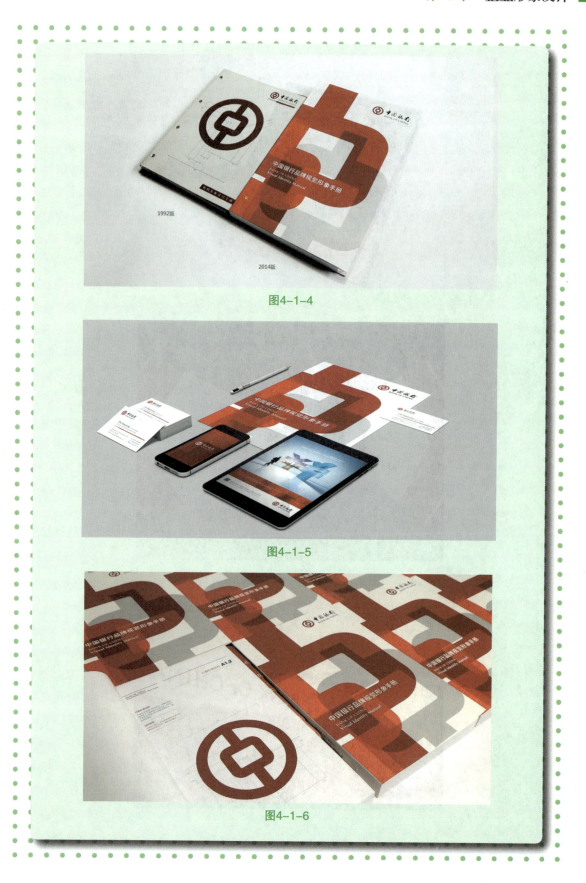

图4-1-4

图4-1-5

图4-1-6

图4-1-7

图4-1-8

图4-1-9

第 4 章 企业形象设计

图4-1-10

图4-1-11

图4-1-12

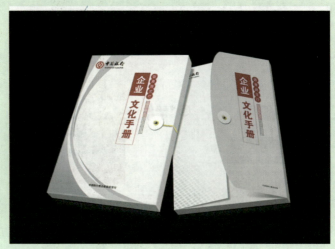

图4-1-13

> 实例2

新浪企业 VI 应用欣赏如图 4-1-14 ~ 图 4-1-19 所示。

图4-1-14

图4-1-15

第 4 章　企业形象设计

图4-1-16

图4-1-17

图4-1-18

图4-1-19

实例3

中储粮企业 VI 应用欣赏如图 4-1-20~图 4-1-28 所示。

图4-1-20

图4-1-21

图4-1-22

图4-1-23

图4-1-24

图4-1-25

图4-1-26

图4-1-27

图4-1-28

4.2 VI设计

4.2.1 设计构思

（1）新建文档。

（2）使用钢笔工具绘制出图形并填充颜色。

（3）输入文字并进行文字创意。

LOGO最终效果如图4-2-1所示。

图4-2-1

4.2.2 操作步骤

1. LOGO效果制作

（1）首先新建文档，执行"文件"→"新建"命令（或按Ctrl+N组合键），打开"新建文档"对话框，如图4-2-2所示，在其中设置文档的各项参数。设置完成后单击"确定"按钮。

扫一扫
学操作

图4-2-2

（2）使用矩形工具 ▇（或按M键）拖曳出一个与页面相同大小的矩形，填充颜

扫一扫
学操作

色为（# F6F519），将描边颜色更改为无，如图4-2-3所示。

图4-2-3

（3）选择钢笔工具（或按P键），绘制LOGO图形，填充首颜色为#000000，将描边颜色更改为无，最终如图4-2-4所示。

图4-2-4

2. 名片正面制作

名片正面效果如图4-2-5所示。

图4-2-5

（1）首先新建一个文档，执行"文件"→"新建"命令（或按Ctrl+N组合键），打开"新建文档"对话框，如图4-2-6所示，在其中可以对所要设置文档的各项参数，设置完成后单击"确定"按钮。

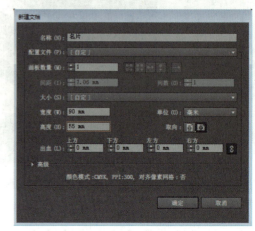

图4-2-6

（2）选择矩形工具（或按M键），拖曳出一个与页面相同大小的矩形，填充颜色为#F6F519，将描边颜色更改为无，如图4-2-7所示。

图4-2-7

（3）选择矩形工具（或按M键），拖曳出第一个矩形，填充颜色为#505151，设置描边颜色为无，如图4-2-8所示。

图4-2-8

（4）选择矩形工具 ▭（或按 M 键），拖曳出第二个矩形，填充颜色为 #505151，设置描边颜色为无，如图 4-2-9 所示。

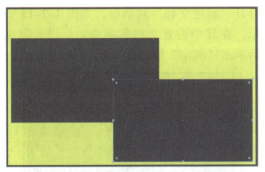

图4-2-9

（5）选择椭圆工具，按住 Shift 键在面板中绘制一个正圆形，填充颜色为 #505151，将描边颜色更改为无，如图 4-2-10 所示。

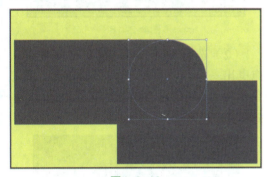

图4-2-10

（6）复制正圆形图层到前面，并将其缩小，颜色为 #505151，设置描边颜色为 #FFFF00，线条粗细设置为 5pt，如图 4-2-11 所示。

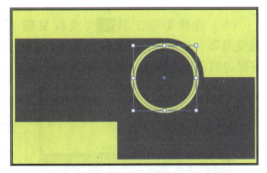

图4-2-11

（7）选择矩形工具 ▭（或按 M 键），拖曳出第三个矩形，填充颜色为 #F6F519，

将描边颜色更改为无，如图 4-2-12 所示。

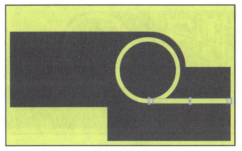

图4-2-12

（8）使用钢笔工具 ✒（或按 P 键）绘制 LOGO 图形，填充颜色为 #000000，将描边颜色更改为无，如图 4-2-13 所示。

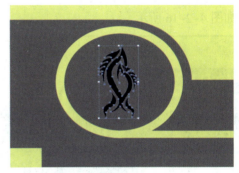

图4-2-13

（9）复制图层到后面，并向左移动，填充颜色为 #F5F11E，设置描边颜色为无，如图 4-2-14 所示。

图4-2-14

（10）选择文字工具 T（或按 T 键），输入文字"御宅"并进行字体变形，按 Ctrl+Shift+G 组合键进行文字解组，再选择直接选择工具更改锚点，效果如图 4-2-15 所示。

扫一扫
学操作

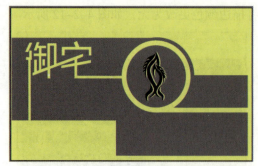

图4-2-15

(11)选择文字工具 T (或按T键),输入英文"GIORIOCS COURTYARO",设置字体颜色为#00000。描边颜色为无、字体为"微软雅黑"、字体大小为"9pt",效果如图4-2-16所示。

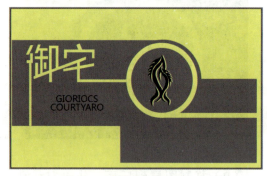

图4-2-16

(12)选择文字工具 T (或按T键),输入英文"QWERTYUIOPASDFGHJLKZXXCVBNM ZAFFBCWSPDMNGIANFIOAMN QOWEURYTASDFGHBVCXZAADFG JAOAMAODMFVPAMDOA",设置字体颜色为#00000、描边颜色为无、字体为"黑体"、字体大小为"4pt",名片正面最终效果如图4-2-17所示。

图4-2-17

3. 名片背面制作

(1)首先新建文档,执行的"文件"→"新建"命令(或按Ctrl+N组合键),打开"新建文档"对话框,如图4-2-18所示,在其中设置文档各项参数。设置完成后单击"确定"按钮。

图4-2-18

(2)选择矩形工具 ▢ (或按M键),拖曳出一个与页面相同大小的矩形,填充颜色为#505151,将描边颜色更改为无,如图4-2-19所示。

图4-2-19

(3)选择矩形工具 ▢ (或按M键),拖曳出第一个矩形,填充颜色为#F6F519,将描边颜色更改为无,如图4-2-20所示。

图4-2-20

（4）选择矩形工具■（或按 M 键），拖曳出第二个矩形，填充颜色为 #F6F519，将描边颜色更改为无，如图 4-2-21 所示。

图4-2-21

（5）选择矩形工具■（或按 M 键），拖曳出第三个矩形，填充颜色为 #F6F519，将描边颜色更改为无，如图 4-2-22 所示。

图4-2-22

（6）选择钢笔工具 （或按 P 键），绘制 LOGO 图形，填充颜色为 #000000，将描边颜色更改为无，如图 4-2-23 所示。

图4-2-23

（7）选择文字工具T（或按 T 键），输入文字"御宅"并进行字体变形，按 Ctrl+Shift+G 组合键进行文字解组，再选择直接选择工具更改锚点，效果如图 4-2-24 所示。

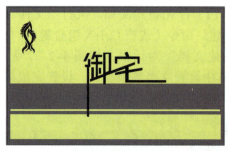

图4-2-24

（8）选择文字工具T（或按 T 键），输入英文"QWERTYUIOPASDFGHJLKZXXCVBNM ZAFFBCWSPDMNGIANFIOAMN QOWEURYTASDFGHBVCXZAADFG JAOAMAODMFVPAMDOA"，设置字体颜色为 #00000，将描边颜色更改为无，设置字体为"黑体"、字体大小为"2pt"，最终效果如图 4-2-25 所示。

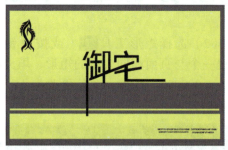

图4-2-25

4. 海报制作

海报最终效果如图 4-2-26 所示。

图4-2-26

（1）首先新建文档，执行"文件"→"新建"命令（或按 Ctrl+N 组合键），打开"新建文档"对话框，如图 4-2-27 所示，在其中设置文档各项参数。设置完成后单击"确定"按钮。

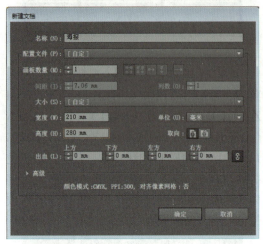

图4-2-27

（2）选择矩形工具 ■（或按 M 键），拖曳一个与页面相同大小的矩形，填充颜色为 #000000，将描边颜色更改为无，如图 4-2-28 所示。

图4-2-28

（3）复制当前图层到后面，并适当缩小，填充颜色为 #F7E114，设置描边颜色为无，如图 4-2-29 所示。

图4-2-29

（4）选择钢笔工具 ✒（或按 P 键），绘制一些不规则图形，填充颜色为 #000000，将描边颜色更改为无，效果如图 4-2-30 所示。

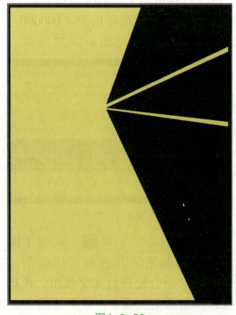

图4-2-30

（5）选择钢笔工具 ✎（或按 P 键），绘制 LOGO 图形，填充颜色为 #000000，将描边颜色更改为无，效果如图 4-2-31 所示。

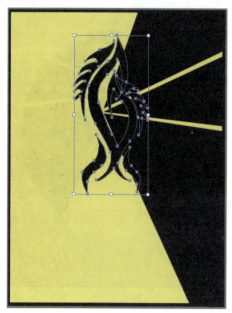

图4-2-31

（6）选择 LOGO 图形，按住 Shift 键选中 LOGO 图层下的黑色不规图形，在选择"路径查找器"（或按 Ctrl+shift+F9 组合键）面板中，选择分割工具 将其分割，效果如图 4-2-32 所示。

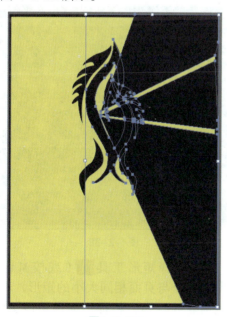

图4-2-32

（7）使用直接选择工具，将重叠部分填充颜色为 #F3E117，效果如图 4-2-33 所示。

图4-2-33

（8）选择文字工具 T（或按 T 键），输入文字"御宅"并进行字体变形，按 Ctrl+Shift+G 组合键进行文字解组，设置字体颜色为 #00000、描边颜色为无，再选择直接选择工具更改锚点，如图 4-2-34 所示。

图4-2-34

（9）选择文字工具（或按T键），输入英文"GIORIOCS COURTYARO"，设置字体颜色为#00000、描边颜色为无、字体为"微软雅黑"、字体大小为"17pt"，如图4-2-35所示。

图4-2-35

扫一扫
学操作

（10）选择文字工具（或按T键），输入英文"QWERTYUIOPASDFGHJLKZXXCVBNM ZAFFBCWSPDMNGIANFIOAMN QOWEURYTASDFGHBVCXZAADFG JAOAMAODMFVPAMDOA"，设置字体颜色为#00000、描边颜色为无、字体为"黑体"、字体大小为"7pt"，设置行距为"15pt"，效果如图4-2-36所示。

图4-2-36

5. 光盘效果制作

光盘效果如图4-2-37所示。

图4-2-37

（1）首先新建文档，执行"文件"→"新建"命令（或按Ctrl+N组合键），打开"新建文档"对话框，如图4-2-38所示，在其中设置文档的各种属性。设置完成后单击"确定"按钮。

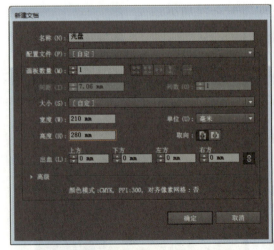

图4-2-38

（2）选择矩形工具（或按M键），拖曳出一个与页面相同大小的矩形，填充颜色为#999A9A，将描边颜色更改为无，如图4-2-39所示。

图4-2-39

（3）选择椭圆工具，按住 Shift 键绘制一个正圆形，填充颜色为 # F7E114，设置描边颜色为 # FFFFFF、描边大小为 2pt，效果如图 4-2-40 所示。

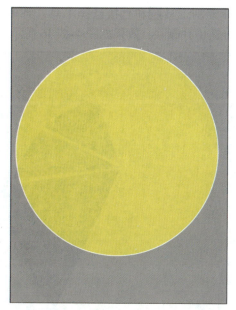

图4-2-40

（4）选择椭圆工具，按住 Shift 键绘制第二个正圆形，填充颜色为无，设置描边颜色为 # 000000、描边大小为 2pt，效果如图 4-2-41 所示。

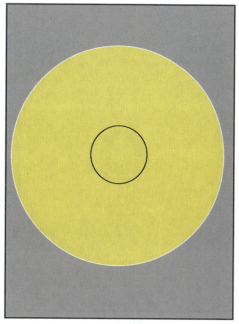

图4-2-41

（5）选择椭圆工具，按住 Shift 键绘制第三个正圆形，填充颜色为 # 998711，设置描边颜色为 # 60530E、描边大小为 2pt，效果如图 4-2-42 所示。

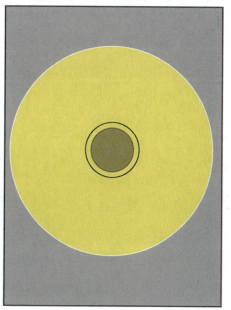

图4-2-42

（6）选择椭圆工具，按住 Shift 键绘制第四个正圆形，填充颜色为 # E0E0DE，设置描边颜色为无，效果如图 4-2-43 所示。

图4-2-43

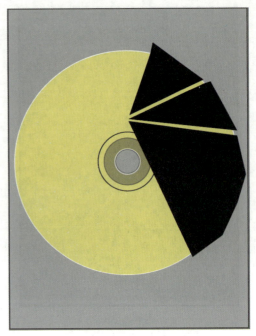

图4-2-45

（7）选择椭圆工具 ，按住 Shift 键绘制第五个正圆形，填充颜色为 #999A9A，设置描边颜色为 #3A3A3A、描边大小为 1pt，效果如图 4-2-44 所示。

（9）选择不规则图形，按住 Shift 键选中不规则图形下的黄色图形，在"路径查找器"（或按 Ctrl+Shift+F9 组合键）面板中，选择分割工具 和直接选择工具，将多余部分选中并删除，效果如图 4-2-46 所示。

图4-2-44

（8）选择钢笔工具 （或按 P 键），绘制一些不规则图形，填充颜色为 #000000，将描边颜色更改为无，效果如图 4-2-45 所示。

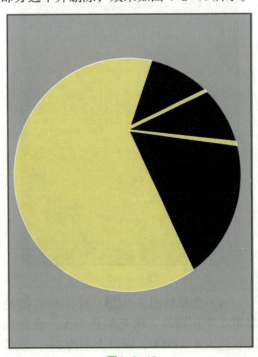

图4-2-46

（10）使用钢笔工具 ✒（或按 P 键）绘制 LOGO 图形，填充颜色为 #000000，将描边颜色更改为无，效果如图 4-2-47 所示。

图4-2-47

（11）选择 LOGO 图形，按住 Shift 键选中 LOGO 图层下的黑色不规图形，在"路径查找器"（或按 Ctrl+Shift+F9 组合键）面板中选择分割工具 ▣ 将其分割，效果如图 4-2-48 所示。

图4-2-48

（12）使用直接选择工具，将重叠部分填充颜色为 #F3E117，效果如图 4-2-49 所示。

图4-2-49

（13）选择文字工具 T（或按 T 键），输入文字"御宅"并进行字体变形，按 Ctrl+Shift+G 组合键进行文字解组，设置字体颜色为 #00000、描边颜色为无，再选择直接选择工具更改锚点，效果如图 4-2-50 所示。

图4-2-50

111

（14）选择文字工具 T（或按T键），输入英文"GIORIOCS COURTYARO"，设置字体颜色为#00000、描边颜色为无、字体为"微软雅黑"、字体大小为"18pt"，效果如图4-2-51所示。

（15）选择文字工具 T（或按T键），输入英文"QWERTYUIOPASDFGHJLKZXXCVBNMZAFFBCWSPDMNGIANFIOAMNQOWEURYTASDFGHBVCXZAADFGJAOAMAODMFVPAMDOA"设置字体颜色为#00000、描边颜色为无、字体为"黑体"、字体大小为"7pt"，设置行距 为"15pt"，效果如图4-2-52所示。

图4-2-51

图4-2-52

扫一扫学操作——海报

课堂小结

　　VI是整个系统的静态识别，通过具体的符号对内、外传达企业的理念与方针。它是以塑造企业形象为目的，以企业标志、标准字形、标准色为主体的视觉传达媒介。这种视觉识别能够充分地表现企业的经营理念和企业精神、个性特征，使社会公众能够一目了然地了解企业传达的信息，从而达到识别企业并建立企业形象的目的。

课后练习

1. 基础案例

习题效果如图4-2-53所示。

第 4 章　企业形象设计

图4-2-53

2. 提升案例

习题效果如图 4-2-54 ~ 图 4-2-57 所示。

图4-2-54

图4-2-55

图4-2-56

图4-2-57

第 5 章

包装设计

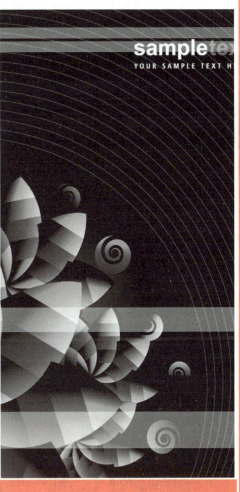

- 手提袋设计
- 包装盒设计

包装是信息传达的工具，从生产商到消费者之间都必须有最佳的视觉传递能力，包装的视觉传达设计就是运用视觉语言传达商品信息，沟通生产商、经销商与消费者之间的联系。

包装设计必须以准确、充分地表达商品信息为基础，将视觉的审美性融汇其中，使商品通过包装更加完美地展示自我，创造更多的销售机会。它由五大要素组成：色彩、图形、商标、文字及构成。

一个成功的包装，其图形设计必然符合人们的审美需求，无论包装图形的表现方式如何、个性怎样，它带给人们的必须是美好而健康的感受，既能唤起个人情感的体验，也能引起美好的遐想和回忆。

扫一扫
学操作

图5-1-1

> **学习目标**
> 1. 掌握矩形、线条工具的应用。
> 2. 熟练掌握自由变换工具中透视扭曲和自由扭曲的使用。
> 3. 初步掌握符号的创建，并使用 3D 效果选项中凸出和斜角功能贴图创建立体效果。

5.1　手提袋设计

5.1.1　设计构思

（1）新建画布，使用矩形和线段工具绘制手提袋的平面尺寸图。

（2）使用多边形工具绘制平面图素材，添加文字，设置颜色，完成平面图的制作。

（3）将文字扭曲，并将每个平面合并编组，利用自由变换工具调整透视完成立体图。

（4）本节主要在设计平面展开图的基础上，再利用自由变换工具制作包装盒的立体图。

（5）最终效果如图 5-1-1 所示。

5.1.2　操作步骤

1. 尺寸图绘制

（1）按 Ctrl+N 组合键，新建画布。选择矩形工具，创建一个宽度为 270mm、高度为 390mm 的矩形，如图 5-1-2 所示。

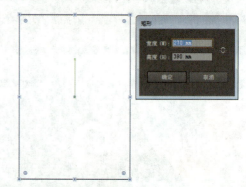
图5-1-2

（2）选择矩形工具，创建一个宽度为 80mm、高度为 390mm 的矩形作为手提袋的侧面，如图 5-1-3 所示。

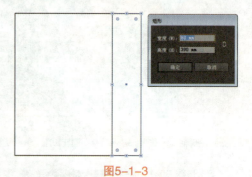
图5-1-3

（3）选中两个矩形，按住 Alt+Shift 组合键向右水平拖动鼠标进行复制，如图 5-1-4 所示。

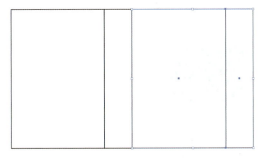

图5-1-4

（4）选择矩形工具，创建一个宽度为 270mm、高度为 50mm 的矩形和一个宽度为 80mm、高度为 50mm 的矩形，作为手提袋的折口，如图 5-1-5 和图 5-1-6 所示。

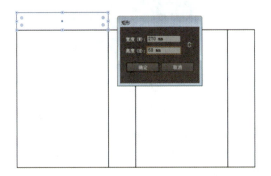

图5-1-5

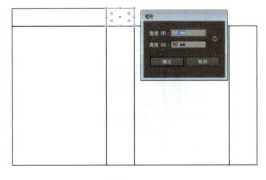

图5-1-6

（5）选中上面折口的两个矩形，同样按住 Alt+Shift 组合键向右水平拖动鼠标进行复制，如图 5-1-7 所示。

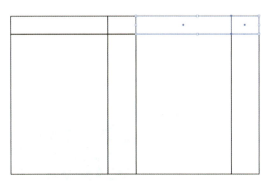

图5-1-7

（6）选择矩形工具，创建一个宽度为 15mm、高度为 390mm 的矩形和一个宽度为 15mm、高度为 50mm 的矩形，作为手提袋的糊口，如图 5-1-8 和图 5-1-9 所示。

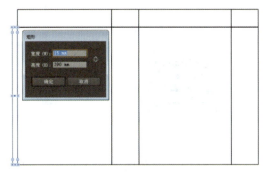

图5-1-8

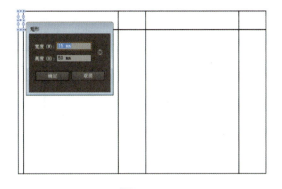

图5-1-9

（7）选择矩形工具，创建一个宽度为 80mm、高度为 65mm 的矩形和一个宽度为 270mm、高度为 65mm 的矩形，作为手提袋的包底，如图 5-1-10 和图 5-1-11 所示。

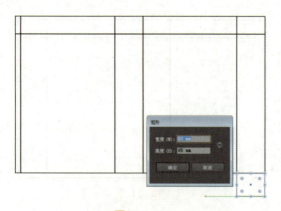

图5-1-10

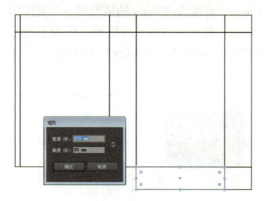

图5-1-11

（8）选中上面包底的两个矩形，同样按住 Alt+Shift 组合键向右水平拖动鼠标进行复制，如图 5-1-12 所示。

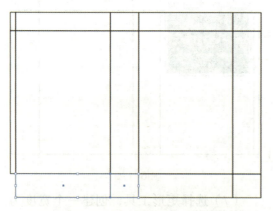

图5-1-12

（9）选择矩形工具，创建一个宽度为 15mm、高度为 65mm 的矩形，作为手提袋包底的糊口，如图 5-1-13 所示。

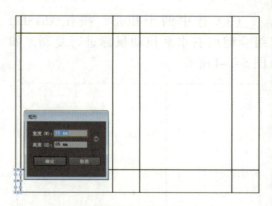

图5-1-13

（10）选择椭圆工具，创建一个宽度和高度均为 3mm 的圆形并填充为黑色，作为手提袋的扣眼，如图 5-1-14 所示。

图5-1-14

（11）选择矩形工具，创建一个宽度为 100mm、高度为 50mm 的矩形，按 Ctrl+R 组合键弹出参考线，拉出一条参考线放在手提袋的中心，把矩形放在扣眼处作为参考对象，如图 5-1-15 所示。

图5-1-15

（12）选中上面的圆形，按住 Alt+Shift 组合键在水平方向拖动复制到矩形的 4 个角上，如图 5-1-16 所示。

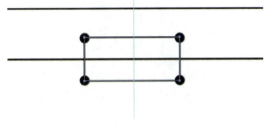

图5-1-16

（13）选中上面的矩形按 Delete 键将其删除，选中 4 个圆形，按住 Alt+Shift 组合键向右进行复制，如图 5-1-17 所示。

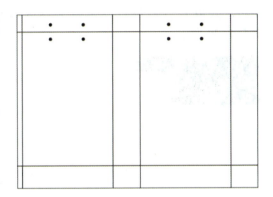

图5-1-17

（14）用虚线在手提袋上将折痕画出，如图 5-1-18 和图 5-1-19 所示。

图5-1-18

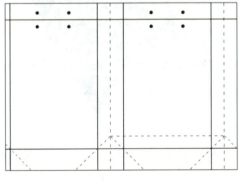

图5-1-19

（15）最后用直线工具和文字工具标出标注，如图 5-1-20 所示。

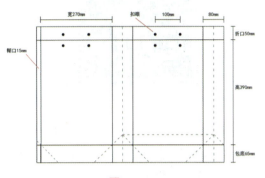

图5-1-20

2. 平面图制作

（16）选择正面矩形图形，并填充灰色，如图 5-1-21 和图 5-1-22 所示。

扫一扫
学操作

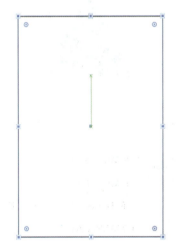

图5-1-21

图5-1-22

（17）选择多边形工具，将边数设置为 3，绘制三角形，如图 5-1-23 所示。

图5-1-23

（18）绘制多个三角形，改变其颜色按如图5-1-24位置排列在一起，颜色参数设置如图5-1-24和图5-1-25所示。

图5-1-24

图5-1-25

（19）再绘制一个三角形，使用网格工具添加网格，在中心锚点处添加灰色，如图5-1-26所示，将添加灰色的三角形放到白色三角形下面作为阴影，如图5-1-27所示。

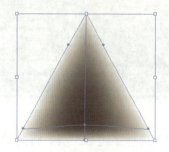

图5-1-26

图5-1-27

（20）绘制一个矩形并右击，在快捷菜单中找到倾斜工具，将其倾斜30°进行旋转，并放到合适位置，如图5-1-28和图5-1-29所示。

图5-1-28

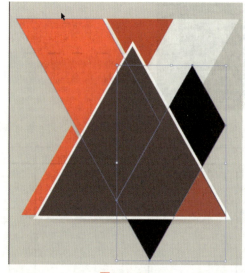

图5-1-29

（21）输入英文"Design"，将字体设置为方正超粗黑简体，将其旋转后放到合适位置，如图5-1-30所示。

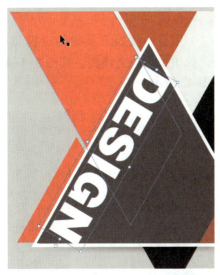

图5-1-30

（22）创建两个三角形，将其叠加到一起并填充颜色，将文字复制后拖曳到三角形右面，如图5-1-31所示。

图5-1-31

（23）输入数字"2018"，将其放在左下角并填充红色，如图5-1-32所示。

图5-1-32

（24）置入图标素材，完成正面制作，如图5-1-33和图5-1-34所示。

图5-1-33

图5-1-34

（25）选择高度为390mm、宽度为80mm的矩形，在矩形上放置文字，并向右旋转90°，作为手提袋的侧面，如图5-1-35和图5-1-36所示。

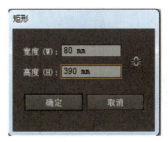

图5-1-35

（26）使用直线工具在矩形的中间添加一条直线作为折痕，做出4个三角形分别放在侧面的上下方，并填充灰色降低不透明度，作为侧面折痕的阴影部分，如图5-1-37所示。

图5-1-36

图5-1-37

（27）用三角形和平行四边形拼出如图 5-1-38 所示的图形并填充颜色，在其中置入文字，完成手提袋背面的制作。

图5-1-38

（28）按 Alt 键复制另一个侧面，4 个面拼合在一起，如图 5-1-39 所示。

图5-1-39

（29）用矩形工具绘制四边形作为手提袋的折口，再用椭圆工具添加扣眼，如图 5-1-40 所示。

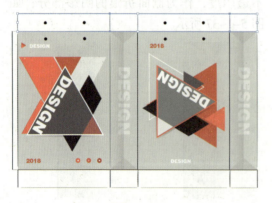

图5-1-40

3. 立体图制作

（1）用自由变换工具中的透视与自由变换，拉出手提袋立体图，如图 5-1-41 和图 5-1-42 所示。

图5-1-41　　　　图5-1-42

（2）制作背面灰色背景并添加折口，再用黑色矩形制作阴影线。使用钢笔工具勾勒出提绳，至此手提袋制作完成，效果如图 5-1-43~ 图 5-1-46 所示。

图5-1-43

图5-1-44

第 5 章　包装设计

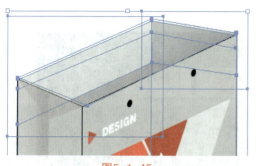

图5-1-45

图5-1-46

▶ 课堂小结

本案例是利用几何图形工具设计手提袋的平面图形，通过本节的练习可以让读者掌握手提袋的绘制设计流程。

▶ 课后练习

1. 基础案例习题

橘色几何图形手提袋流程如图 5-1-47 ~ 图 5-1-54 所示。

图5-1-47　　　　　　　图5-1-48

图5-1-49　　　　　　　图5-1-50

123

图5-1-51

图5-1-52

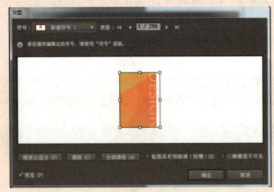
图5-1-53

图5-1-54

核心步骤：

（1）使用直线工具按照图中尺寸制作出平面图。

（2）画出三角形，将其复制并填充颜色，将侧面和粘口填充颜色。

（3）使用文字工具输入字母，降低不透明度并向右旋转90°，放在边缘处，在手提袋内部文字上绘制一个矩形并建立剪切蒙版。

（4）按照步骤（3）做出手提袋背面的文字效果。

（5）在手提袋的侧面绘制矩形并填充透明渐变，作为折痕处的阴影。

（6）将手提袋的6个面分别新建符号。

（7）打开贴图面板，将新建符号依次贴入，手提袋立体图制作完成。

2. 提高案例习题

实例1

黑色几何图形手提袋效果如图5-1-55所示。

核心步骤:

(1) 按照图中尺寸绘制手提袋的展开图,并将展开图填充深灰色。

(2) 使用矩形和直接选择工具绘制图中的图形并填充颜色,选择渐变工具绘制侧面的阴影部分。

(3) 使用文字工具输入标题及次要文字,将其复制并放在合适位置。

(4) 将手提袋的6个面分别新建符号。

(5) 打开贴图面板,将新建符号依次贴入,手提袋立体图制作完成。

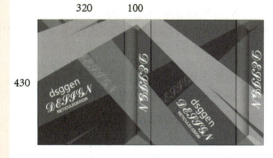

图5-1-55

实例 2

蝴蝶手提袋效果如图 5-1-56 所示。

图5-1-56

核心步骤:

(1) 将背景填充为浅黄色。

(2) 使用文字工具写出标题并改变字体,将其放在中心位置。

(3) 使用旋转扭曲工具绘制花环,选用符号库中的图形摆放在圆环上。

(4) 使用模糊工具绘制阴影。

5.2 包装盒设计

5.2.1 设计构思

（1）新建画布。
（2）使用矩形工具和线段制作出平面图。
（3）将素材拖曳到制作好包装盒中。
（4）将制作好的包装盒新建符号。
（5）在"效果"选项卡的 3D 选项中选择"凸出和斜角"命令，将之前新建的符号分别贴到对应的 6 个面上，制作立体包装盒。最终效果如图 5-2-1 所示。

图 5-2-1

5.2.2 操作步骤

（1）新建画布，选择矩形工具，绘制一个 112.56mm×120.5mm 的矩形，如图 5-2-2 所示。

扫一扫
学操作

图 5-2-2

（2）按照所给尺寸建立标尺参考线，并选择直线段工具，单击空白处，在弹出的"直线段工具选项"对话框中修改参数，标出包装盒的折痕线，如图 5-2-3 所示。

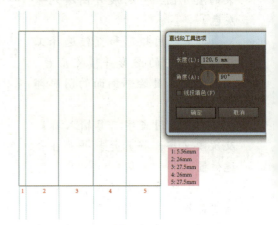

图5-2-3

（3）在如图 5-2-4 所示的位置上绘制一条长度为 26mm 的直线，并复制出另外两条直线。

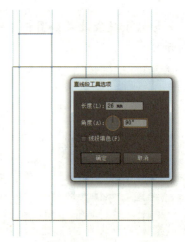

图5-2-4

（4）建立标尺参考线，选择钢笔工具，画出包装盒的折口，如图 5-2-5 所示。

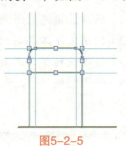

图5-2-5

（5）使用钢笔工具再画出包装盒其他位置的折口，如图 5-2-6 所示。

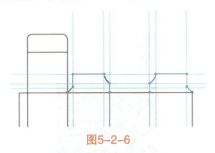

图5-2-6

（6）复制并翻转所画的折口，向下移动并放在指定位置，如图 5-2-7 所示。

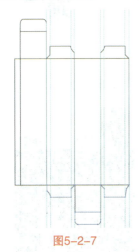

图5-2-7

（7）最后将尺寸标出，如图 5-2-8 所示。

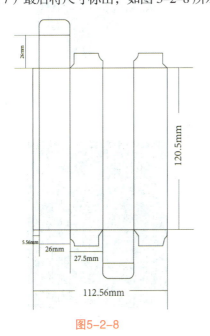

图5-2-8

（8）将包装盒平面图填充为深紫色，如图 5-2-9 所示。

图5-2-9

（9）选择直线工具，将包装盒的折痕部位标出，如图 5-2-10 所示。

图5-2-10

（10）将素材拖曳到包装盒上，将其复制并修改颜色，调整到合适位置，如图 5-2-11 所示。

图5-2-11

（11）把复制的其中一个图形放到折痕处，设置不透明度为40，再绘制一个矩形把需要的部分框住，如图5-2-12所示。

图5-2-12

（12）选中花与矩形并右击，在弹出的快捷菜单中选择"建立剪切蒙版"命令，做出如图5-2-13所示的效果。

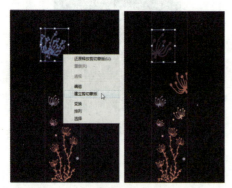

图5-2-13

（13）选择直排文字工具，输入产品名称并放在合适位置，包装盒的正面制作完成，如图5-2-14所示。

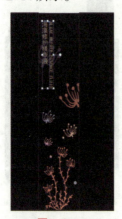

图5-2-14

（14）将放在包装盒背面的素材拖入，根据美观度来摆放位置，包装盒的背面制作完成，如图5-2-15所示。

图5-2-15

（15）将生产许可和商标素材拖入并放在合适位置，如图5-2-16所示。

图5-2-16

（16）选择直线工具，绘制一个矩形框，如图5-2-17所示。

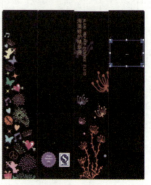

图5-2-17

（17）选择文字工具绘制文本框，将产品介绍导入文本框中，选中文字并打开"段落"面板，单击"两端对齐，末行左对齐"图标，如图5-2-18所示。

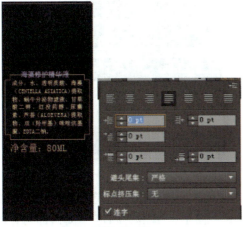

图5-2-18

（18）最后将研发地区、生产许可证编码等文字输入，并放在指定位置，如图5-2-19所示。

图5-2-19

（19）至此包装盒展开图制作完成，效果如图5-2-20所示。

图5-2-20

（20）将正面的图形单独拉出来并选中，新建一个符号，如图5-2-21所示。

扫一扫
学操作

图5-2-21

（21）并将背面和顶面的图形分别新建符号，如图5-2-22所示。

图5-2-22

（22）将两个侧面向右旋转90°，分别新建符号，如图5-2-23所示。

图5-2-23

（23）使用矩形工具绘制一个与包装盒正面相同大小的矩形，在"效果"选项卡中进行"3D"→"凸出和斜角"命令，如图5-2-24所示。

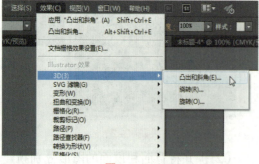

扫一扫学操作——展开图

图5-2-24

（24）打开贴图面板，如图5-2-25所示。

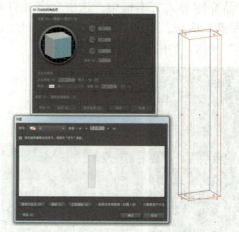

图5-2-25

（25）将之前新建的符号分别贴到对应的6个面上，单击"确定"按钮即可，如图5-2-26所示。

图5-2-26

（26）至此包装盒立体图制作完成，将其旋转一定角度即可展现另外一种效果，如图5-2-27所示。

图5-2-27

课堂小结

本案例是让学生掌握包装盒的设计流程，以及通过 Illustrator CC 中 3D 效果选项中的凸出和斜角命令来制作立体图。

课后练习

1. 基础案例习题

牛奶盒制作流程如图 5-2-28 ~ 图 5-2-35 所示。

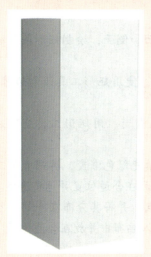
图5-2-28

图5-2-29

图5-2-30

图5-2-31

图5-2-32

图5-2-33

图5-2-34　　　　　　　图5-2-35

核心步骤：

（1）使用矩形工具绘制两个矩形，作为牛奶盒的正面和侧面，绘制矩形条并填充灰色渐变作为边缘，将正面和侧面填充为灰色渐变。

（2）再绘制两个矩形，使用直接选择工具移动锚点，使用矩形工具绘制边缘，作为牛奶盒的盒盖部分。

（3）选择多边形工具，绘制多个三角形并填充灰色渐变，用矩形工具绘制边缘，作为盒盖的侧面。

（4）选择椭圆工具，绘制白云和太阳、瓶盖部分并填充绿色渐变，再用直线工具绘制瓶盖上的纹理。使用文字工具输入产品名称，将其放在合适位置并调整透视。

（5）使用钢笔工具勾勒出波浪形状、水滴、奶牛斑点，并将其分布在牛奶盒空白处，填充绿色渐变作为牛奶盒上的图案。将奶牛素材拖入画布中并放在合适位置。

（6）最后绘制牛奶盒的阴影。

2. 提高案例习题

实例1

蜂蜜柚子茶效果如图5-2-36所示。

图5-2-36

核心步骤：

（1）使用钢笔、矩形、圆角矩形、椭圆工具绘制瓶身和勺子，并填充颜色，将勺子中的心形用"路径查找器"面板中的"减去顶层"功能制作出来。

（2）使用钢笔、椭圆工具绘制瓶子中的溶液，并填充黄色到橙色的径向渐变。

（3）使用椭圆、矩形工具制作商标。

（4）使用钢笔工具绘制蝴蝶结、橙子和果粒，制作蝴蝶结阴影并填充灰色，降低其不透明度为30%，用文字工具输入字体。

（5）使用椭圆工具绘制阴影，将其填充灰色并降低不透明度为63%。

（6）最后用移动工具放到合适位置。

实例2

药盒包装效果如图5-2-37所示。

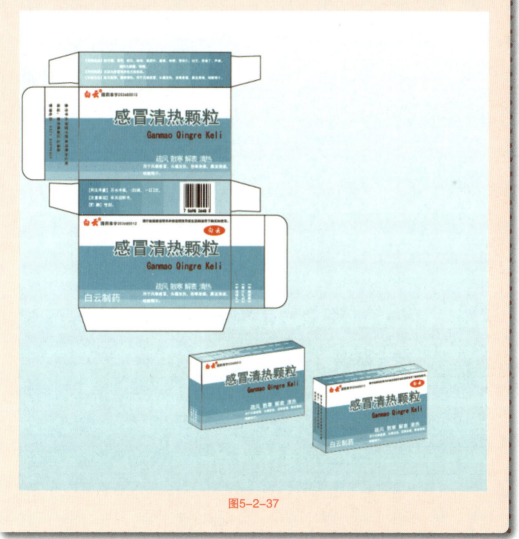

图5-2-37

核心步骤：
（1）使用矩形工具绘制出平面图并加黑色描边。
（2）使用矩形、文字、椭圆工具绘制出包装盒表面，并新建符号。
（3）利用"效果"选项卡中的"3D"→"凸出和斜角"命令，制作出包装盒的立体效果。

第 6 章

封面设计

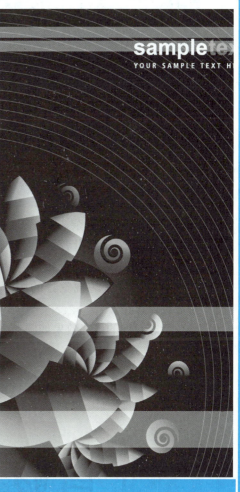

- 杂志类封面设计
- 技术类图书封面设计

本章主要讲解使用 Illustrator 软件中的文字、图片特效工具进行书籍装帧的设计。精美的书籍装帧设计可以使读者心情愉悦，本章以杂志类封面设计和技术类图书封面设计为案例，介绍书籍封面的设计方法和制作技巧。

扫一扫
学操作

学习目标

1. 掌握杂志类封面设计的思路和过程。
2. 掌握杂志类封面的制作方法和技巧。
3. 掌握技术类图书封面设计的思路和过程。

6.1　杂志类封面设计

6.1.1　设计构思

杂志类封面是杂志内容的外在体现，能够反映出期刊编辑者的思路和刊物的风格定位。把视觉形象和文字内涵进行完美的结合，为统一的视觉目的服务，才能使杂志得以宣传。

杂志封面的最终效果如图 6-1-1 所示。

图6-1-1

6.1.2　操作步骤

（1）执行"文件"→"新建"命令，弹出"新建文档"对话框，文档的各项参数设置如图 6-1-2 所示，单击"确定"按钮，新建一个空白文档。

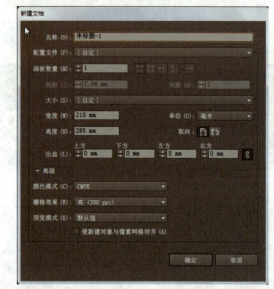

图6-1-2

（2）执行"文件"→"置入"命令，将素材中的背景.jpg、素材1.jpg 导入文档中，如图 6-1-3 所示。

图6-1-3

第 6 章 封面设计

（3）选择文本工具，输入英文"china"。

（4）使用选择工具选中文字并右击，在弹出的快捷菜单中选择"创建轮廓"命令，如图 6-1-4 所示。

图6-1-4

（5）执行"路径查找器"命令，选中文字，并在"路径查找器"面板中选择"建立复合形状"工具，并单击路径查找器中的"扩展"按钮，如图 6-1-5 所示。

图6-1-5

（6）使用矩形工具绘制矩形，将其放入文字中央（从文字的左侧开始直到文字的右侧），用同样的方法在绘制一个高度较高的矩形，如图 6-1-6 所示。

图6-1-6

（7）按住 Shift 键选中文字和较高的矩形，在"路径查找器"面板中单击"减去顶层"图标，将矩形调整到合适大小，如图 6-1-7 所示。

图6-1-7

（8）选中文字并右击，在弹出的快捷菜单中选择"取消编组"命令，如图 6-1-8 所示。

图6-1-8

（9）选中上方文字、下方文字和矩形并改变颜色，效果如图 6-1-9 所示。

图6-1-9

（10）选中文字与矩形并右击，在弹出的快捷菜单中选择"编组"命令，如图 6-1-10 所示。

137

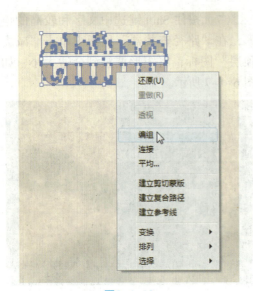

图6-1-10

（11）调整文字大小，并放置于左上角。

（12）选择文字工具，输入文字"中国韵"，并设置字体为"楷体"、字体大小为"125"，调整其填充颜色和描边颜色，如图 6-1-11 和图 6-1-12 所示。

图6-1-11

图6-1-12

（13）使用线条工具绘制一条横向长度为40mm 的直线段，如图 6-1-13 所示，再绘制一条竖向长度为30mm 的直线段，如图 6-1-14 所示。

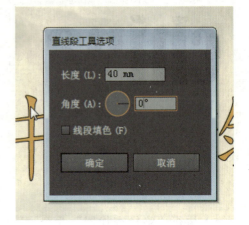

图6-1-13

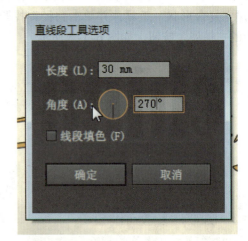

图 6-1-14

（14）选中这两条线段，将其复制并旋转一定角度，将其放到合适位置，如图 6-1-15 所示。

图6-1-15

课堂小结

　　本案例是使用矩形工具绘制文字效果，通过本节的练习可以初步掌握 Illustrator 软件中文字特效的使用，为今后绘制更复杂、更优质的图形打下坚实的基础。

课后练习

1. 基础案例习题

制作汉服服饰杂志封面，如图 6-1-16 所示。

图6-1-16

核心步骤：
（1）绘制矩形，填充颜色为黑色。
（2）置入图片，并移动到合适位置。
（3）使用文字工具输入文字，对"汉服"文字进行变形。
（4）使用钢笔工具绘制图案，并调整位置。

2. 提高案例习题

实例1

环保杂志封面的制作如图 6-1-17 所示。

图6-1-17

实例2

《中国工艺美术史》封面、封底和书脊,主要是使用文本和矩形工具,其效果如图6-1-18所示。

图6-1-18

> 实例3

《数字图像艺术》封面如图 6-1-19 所示。

图6-1-19

6.2 技术类图书封面设计

6.2.1 设计构思

技术类图书封面是内容的外在体现，能够反映出图书编辑者的思路和图书的风格定位。把视觉形象和文字内涵进行完美的结合，为统一的视觉目的服务，才能使图书得以宣传。

《电脑科技》图书封面最终效果如图 6-2-1 所示。

图6-2-1

6.2.2 操作步骤

（1）执行"文件"→"新建"命令（或按 Ctrl+N 组合键），打开"新建文档"对话框，在其中可以对所要建立的文档进行各项参数的设置。设置完成后单击"确定"按钮，如图 6-2-2 所示。

扫一扫
学操作

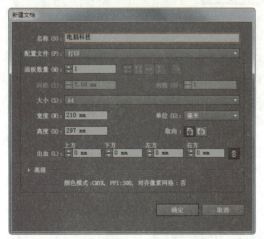

图6-2-2

（2）使用矩形工具拖动一个与页面相同大小的矩形，填充颜色为"#050818"，描边为"无"，效果如图 6-2-3 所示。

图6-2-3

（3）使用矩形工具绘制矩形，填充颜色为"#3B81B1"，效果如图 6-2-4 所示。

图6-2-4

（4）使用椭圆工具，按住 Shift 键绘制正圆形，填充颜色为"#3B81B1"，效果如图 6-2-5 所示。

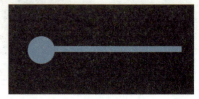

图6-2-5

（5）按住 Alt 键复制并以圆形为圆心旋转矩形，如图 6-2-6 所示。

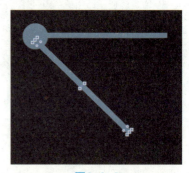

图6-2-6

（6）选中两个矩形和圆形，并复制多个，按 Ctrl+G 组合键编组，如图 6-2-7 所示。

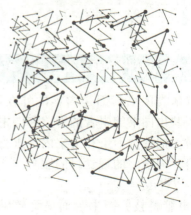

图6-2-7

（7）选中部分图形，填充颜色为"#31638D"，如图6-2-8所示。

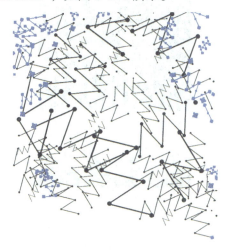

图6-2-8

（8）使用矩形工具拖动一个与页面相同大小的矩形，填充从白色至黑色的渐变，描边为无，效果如图6-2-9所示。

图6-2-9

（9）选中填充渐变的矩形以及之前的矩形和圆形，设置透明度，如图6-2-10所示。

图6-2-10

（10）单击"制作蒙版"按钮，如图6-2-11所示，效果如图6-2-12所示。

图6-2-11

图6-2-12

（11）使用矩形工具绘制一个矩形并填充从黑色至透明的渐变，如图6-2-13所示。

图6-2-13

（12）使用镜像工具复制一个，放至右侧，效果如图 6-2-14 所示。

图6-2-14

（13）置入"素材 1"，放至下方，效果如图 6-2-15 所示。

图6-2-15

（14）使用矩形工具，拖动一个可覆盖"素材 1"的矩形并填充从白色至黑色的渐变，描边为"无"，效果如图 6-2-16 所示。

图6-2-16

（15）选中填充渐变的矩形与"素材 1"，设置透明度，如图 6-2-17 所示。

图6-2-17

（16）单击"制作蒙版"按钮，如图 6-2-18 所示，效果如图 6-2-19 所示。

图6-2-18

图6-2-19

（17）使用钢笔工具绘制路径，填充颜色为"无"，描边为"白色"，粗细为"4pt"，效果如图6-2-20所示。

图6-2-20

（18）使用矩形工具绘制4个矩形并倾斜，效果如图6-2-21所示。

图6-2-21

（19）使用文字工具，输入文字"电脑科技"，字体为"方正粗倩简体"，效果如图6-2-22所示。

图6-2-22

（20）输入文字"科技互联""改变生活""Computer Science"，字体为"华文细黑"，效果如图6-2-23所示。

图6-2-23

（21）使用矩形工具绘制3个矩形，效果如图6-2-24所示。

图6-2-24

（22）输入文字"科技工作者"，字体为"华文细黑"，效果如图6-2-25所示。

图6-2-25

（23）使用矩形工具，填充从黑色至白色的渐变，效果如图6-2-26所示。

图6-2-26

（24）按住Alt键复制多个，效果如图6-2-27所示。

图6-2-27

（25）最终效果如图6-2-28所示。

图6-2-28

▶ 课堂小结

本实例练习了利用矩形工具和椭圆工具制作图书封面，并为其添加渐变、制作蒙版效果。

课后练习

1. 基础案例习题

房地产企划书效果如图 6-2-29 所示。

图6-2-29

2. 提高案例习题

实例 1

完成美食杂志封面的制作如图 6-2-30 所示。

图6-2-30

实例2

《会计基本技能》封面、封底和书脊的制作如图6-2-31所示。

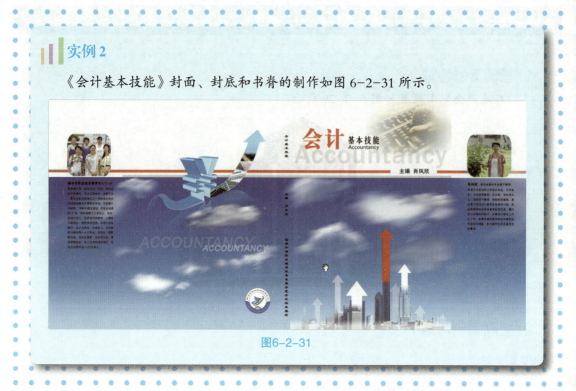

图6-2-31

第 7 章

UI 设计

■ 按钮制作
■ 交互界面设计

UI（User Interface）译为用户界面或人机界面，是一门结合了计算机科学、美学、心理学、行为学等学科的综合性艺术，它为了满足软件需求而产生，并随着计算机、网络和智能化电子产品的普及而迅猛发展。

UI 应用领域主要包括手机通信移动的产品、计算机操作平台、软件产品、PDA 产品、数码产品车载系统产品、智能家电产品、游戏产品、产品的在线推广等。国际和国内很多从事手机、软件、网站、增值服务的企业和公司都设立了专门从事 UI 研究与设计的部门，以期通过 UI 设计提升产品的市场竞争力。

扫一扫
学操作

学习目标

1. 交互界面的设计。
2. 编辑渐变制作按钮的立体效果。
3. 手机 APP 界面的设计。

7.1　按钮制作

7.1.1　设计构思

（1）新建画布，使用圆形工具通多添加效果制作为立体按钮。

（2）在立体按钮上绘制圆形。

（3）通过"路径查找器"面板制作出高光图形，调整颜色和不透明度。

（4）本案例的目的是让大家了解利用基本图形绘制立体按钮的方法，在设计过程中结合路径查找器，将图形叠加在按钮上，绘制出圆润、光滑的高光效果。最终效果如图 7-1-1 所示。

图7-1-1

7.1.2　操作步骤

（1）新建一个 420mm×560mm 矩形，填充颜色为灰色，如图 7-1-2 和图 7-1-3 所示。

图7-1-2

图7-1-3

（2）使用钢笔工具绘制一个白色三角形，将透明度设置为 50%，如图 7-1-4 和图 7-1-5 所示。

图7-1-4

图7-1-5

(3)使用椭圆工具创建3个圆,将3个圆选中;使用"路径查找器"面板中的"合并"命令,执行"效果"→"风格化"→"内发光"命令,参数设置如图7-1-6~图7-1-8所示。

图7-1-6

图7-1-7

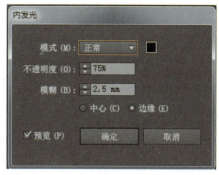

图7-1-8

(4)使用椭圆工具绘制3个圆,填充颜色为灰色,执行"效果"→"模糊"→"高斯模糊"命令,设置像素为50px,如图7-1-9所示。

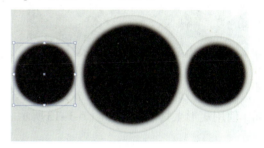

图7-1-9

(5)再制作3个圆,设置颜色为灰色渐变,并放到合适的位置,如图7-1-10和图7-1-11所示。

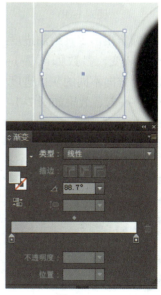

图7-1-10

图7-1-11

(6) 在中间的大圆上绘制一个圆形，执行"效果"→"风格化"→"内发光"命令，设置颜色为灰色，如图7-1-12所示。

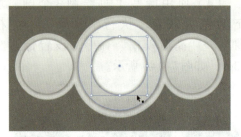

图7-1-12

(7) 用三角形画出播放、快进的小图标，使用矩形工具修饰，如图7-1-13所示。

图7-1-13

(8) 用圆角矩形工具绘制进度条，填充颜色为灰白渐变，参数如图7-1-14所示，制作其他3个方向不同的灰白进度条，然后将它们叠放在一起，效果如图7-1-15所示。

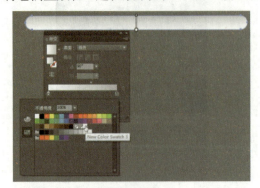

图7-1-14

图7-1-15

(9) 使用矩形工具绘制一个矩形，填充颜色为灰白渐变，如图7-1-16所示。绘制一个矩形条并填充颜色，如图7-1-17所示。调整角度，按Ctrl+D组合键进行多次复制。绘制圆角矩形放到合适的位置，将其选中并右击，在弹出的快捷菜单中选择"创建剪切蒙版"命令，如图7-1-18所示，将其放到合适的位置，如图7-1-19所示。

图7-1-16

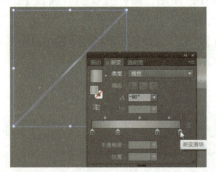

图7-1-17

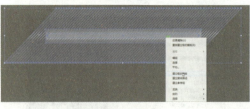

图7-1-18

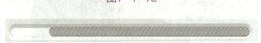

图7-1-19

(10) 绘制两个大小不同的圆，填充颜色为灰白渐变，如图7-1-20和图7-1-21所示。将两个圆叠放在一起制作按钮，效果如图7-1-22所示。

第 7 章 UI 设计

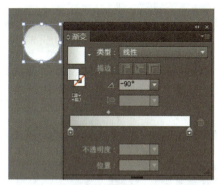

图 7-1-20

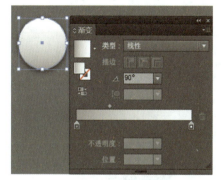

图 7-1-21

图 7-1-22

（11）在中间加上一个细长的灰白渐变矩形条，使其看起来更有立体效果，在矩形条上方输入"ABC OL 15%"，如图 7-1-23 所示。

图 7-1-23

（12）制作圆形按钮，绘制两个圆并填充灰白渐变，如图 7-1-24 所示。将两个圆选中，在"路径查找器"面板中单击"减去顶层"图标，效果如图 7-1-25 所示。利用矩形将圆环选中，在"路径查找器"面板中单击"减去顶层"图标，效果如图 7-1-26 所示。将减去的部分用铅笔工具使其圆滑，如图 7-1-27 所示。再绘制 3 个圆，制作按钮的方法同上，绘制小圆作为按钮上的装饰，如图 7-1-28 所示。

图 7-1-24

图 7-1-25　　　　图 7-1-26

图 7-1-27　　　　图 7-1-28

（13）用圆角矩形绘制下方 3 个按钮，填充颜色为灰白渐变，渐变设置与圆形相同，如图 7-1-29 所示。

图 7-1-29

（14）输入文字，将 3 个圆角矩形上的文字加上黑色内发光，如图 7-1-30 所示。

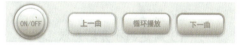

图 7-1-30

（15）使用移动工具将 3 个圆角矩形放到合适的位置，最终效果如图 7-1-31 所示。

图 7-1-31

▶ 课堂小结

本案例是讲解利用基本图形绘制立体按钮的方法,在设计过程中结合路径查找器,将图形叠加在按钮上,产生圆润、光滑的高光效果。按钮绘制是UI设计的基础,通过颜色设置及渐变等多种方法,产生不同效果。

▶ 课后练习

1. 基础案例习题

水晶按钮效果如图7-1-32所示。

图7-1-32

核心步骤:

(1)新建画布并填充颜色。

(2)使用椭圆工具绘制正圆,填充颜色为浅棕到深棕的渐变,制作按钮。

(3)使用矩形、椭圆工具绘出Wi-Fi图标并填充白色渐变。

(4)使用钢笔工具绘出高光部分并填充白色,降低不透明度为30%,绘出月牙的形状并填充颜色为浅棕到深棕的渐变。

(5)使用移动工具将其放到合适的位置,其他制作方法同上。

2. 提高案例习题

实例1

实例1效果如图7-1-33所示。

第7章 UI 设计

图7-1-33

核心步骤：

（1）使用矩形工具制作背景，用4个圆角三角形加上渐变和透明组成中间部分，在后面加上阴影完成播放器图标。

（2）使用网格工具添加颜色绘出背景，再添加一个渐变矩形，在右上角绘出按钮，镜头最后面两层用网格工具绘出，中间用椭圆和渐变还有模板制作，添加阴影完成相机图标。

（3）用矩形绘出背景，用路径查找器裁剪出中间最外面的黑色半圆形，复制一个，减掉一半再变为黑白渐变，放在原来的圆环上面，剩下部分用矩形和模糊阴影制作。

（4）用矩形绘出背景，复制上一个图形中间的圆环和渐变背景，再制作一个图形，用路径查找器在中间制作镂空效果。用钢笔画出一个齿轮，调整旋转中心点旋转到合适位置。按 Ctrl+D 组合键重复上一步操作，用路径查找器逐个删去，制作出完整齿轮，设置颜色为灰黑渐变。再复制一个制作反方向渐变，并将其缩小放在上面，完成齿轮图标。

实例 2

实例 2 效果如图 7-1-34 所示。

核心步骤：

（1）绘制一个灰色背景，绘制圆角矩形，添加径向渐变，制作阴影。绘制白色细长矩形，多次复制并改变透明度，作为计步器的背景，在中间绘制圆形，用路径查找器减去中间部分，将混合模式改为正片叠底，添加灰色内发光效果。

（2）在制作的灰色圆环中嵌套一个灰蓝色的圆环，制作镂空效果。用路径查找器制作出半个蓝色的圆环压在黑色的圆环上面，再制作两个蓝色椭圆和一个白色椭圆，使用高斯模糊命令将其放在最上层，并制作发光效果。

（3）使用椭圆和渐变组成中间部分，绘制小人放在中间，复制上面的内发光和椭圆渐变完成下面部分的制作，用钢笔工具绘制小火苗，用矩形工具绘制时间并添加发光效果完成制作。

图7-1-34

7.2 交互界面设计

7.2.1 设计构思

(1)新建一个画布,填充背景渐变。

(2)使用圆角矩形工具绘制手机界面并填充颜色。

(3)使用钢笔工具绘制手机状态栏及图标。

(4)根据天气状况绘制天气指数栏。

(5)复制手机界面绘制其他3个天气界面。

(6)最终效果如图7-2-1所示。

图7-2-1

7.2.2 操作步骤

1. 制作雨天手机界面

(1)新建画布,绘制一个矩形并填充背景渐变参数设置如图7-2-2和图7-2-3所示。

扫一扫
学操作

图7-2-2

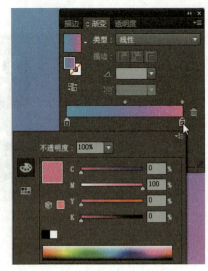

图7-2-3

(2)选择圆角矩形工具,绘制一个宽度为145mm、高度为285mm、圆角半径为13mm的圆角矩形,作为手机主体,如图7-2-4所示。

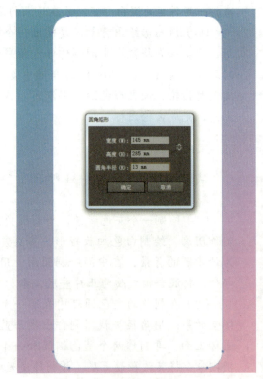

图7-2-4

(3)使用圆角矩形和椭圆工具绘制图形,填充颜色为灰色,制作手机的听筒和主键,如图7-2-5所示。

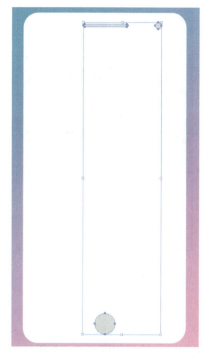

图7-2-5

（4）选择矩形工具，创建一个宽度为130mm、高度为230mm的矩形，填充颜色为绿色渐变，设置描边为黑色，作为手机界面，其参数设置如图7-2-6~图7-2-8所示。

图7-2-6

图7-2-7

图7-2-8

（5）使用椭圆、直线和文字工具等制作手机界面上的时间点及手机相关信息，效果如图7-2-9所示。

图7-2-9

（6）将山丘图素材置入手机界面中，如图7-2-10所示。

图7-2-10

（7）选择矩形工具，绘制一个宽度为127mm、高度为10mm的矩形，放在素材底部并填充白色到透明渐变，其参数设置如图7-2-11所示。

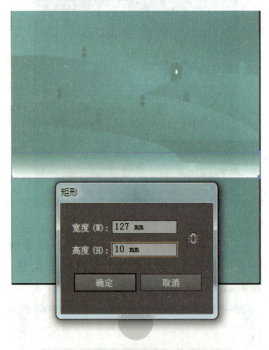

图7-2-11

（8）再创建一个宽度为127mm、高度为45mm的矩形，填充颜色为白色，其参数设置如图7-2-12所示。

图7-2-12

（9）使用钢笔、线段和椭圆工具制作天气小图标，效果如图7-2-13所示。

图7-2-13

（10）选择文字工具，输入时间点和天气度数并放在合适位置，如图7-2-14所示。

图7-2-14

（11）选择矩形工具，绘制两个小图标，如图7-2-15所示。

图7-2-15

（12）选择文字工具，输入地点，再使用钢笔工具绘制位置图标，如图7-2-16所示。

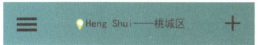

图7-2-16

（13）选择直线工具，绘制下雨效果，如图7-2-17所示。

图7-2-17

（14）选择直线工具，绘制边框，如图7-2-18所示。

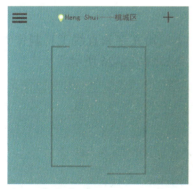

图7-2-18

（15）使用钢笔工具勾勒出"雨"字，执行"效果"→"风格化"→"外发光"命令并设置参数，如图7-2-19和图7-2-20所示。

图7-2-19

图7-2-20

（16）使用文字工具输入时间点和天气度数，并放在合适位置，如图7-2-21所示。

图7-2-21

（17）将符号中的云彩置入，再选择直线工具绘制斜线，并降低不透明度，如图7-2-22所示。

图7-2-22

（18）至此，雨天手机界面制作完成，效果如图7-2-23所示。

图7-2-23

2. 制作晴天手机界面

（1）将背景颜色更改为橘黄色，当作背景，如图7-2-24所示。

图7-2-24

（2）将山丘素材置入背景中，如图7-2-25所示。

图7-2-25

（3）使用文字和直线工具制作天气信息，效果如图7-2-26所示。

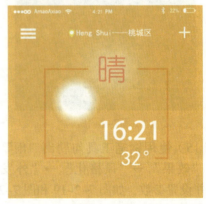

图7-2-26

（4）最后使用文字工具和钢笔工具制作一周的天气指数，晴天手机界面制作完成，效果如图 7-2-27 所示。

图 7-2-27

3. 制作阴天手机界面

（1）将背景颜色更改为灰色，如图 7-2-28 所示。

（2）在背景中置入城市素材，如图 7-2-29 所示。

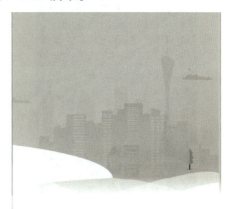

图 7-2-29

（3）最后使用文字工具和直线工具制作天气信息，将一周天气指数图标置入，阴天手机界面制作完成，效果如图 7-2-30 所示。

图 7-2-30

4. 制作雪天手机界面

（1）将背景颜色更改为蓝色，如图 7-2-31 所示。

图 7-2-28

图7-2-31

（2）在背景中置入雪地素材，如图 7-2-32 所示。

图7-2-32

（3）使用文字工具和直线工具制作天气指数，并置入雪花素材，将雪花和"雪"设置为外发光，效果如图 7-2-33 所示。

图7-2-33

（4）使用椭圆工具和直线工具制作雪人，并放在雪地上，如图 7-2-34 所示。

图7-2-34

（5）最后将一周天气情况图标置入，雪天手机界面制作完成，效果如图 7-2-35 所示。

图7-2-35

第7章 UI设计

▶ 课堂小结

　　本案例主要是讲解手机 APP 界面设计的方法，通过本节的练习可以初步掌握 APP 设计的基本流程，为今后设计更优质的 APP 打下坚实的基础。

▶ 课后练习

1. 基础案例习题

实例 1

等待界面流程如图 7-2-36~图 7-2-38 所示。

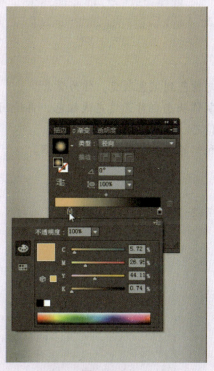

图7-2-36

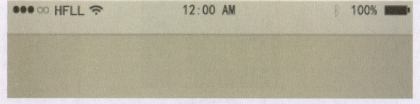

图7-2-37

图7-2-38

核心步骤:

(1)新建画布并填充棕色到黑色渐变,作为背景。

(2)使用矩形工具制作状态栏背景填充浅棕色,再使用文字工具、椭圆工具和直线工具制作手机状态信息。

(3)使用矩形工具和钢笔工具制作界面上的图标。

实例2

登录界面流程如图7-2-39~图7-2-41所示。

图7-2-39

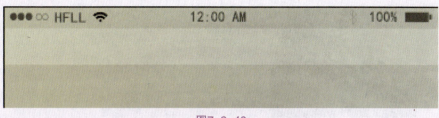

图7-2-40

图7-2-41

核心步骤：

（1）打开"文件"选项卡，将素材置入手机界面中。

（2）将手机状态栏复制到该手机界面中。

（3）使用椭圆工具、直线工具和文字工具制作界面上的内容，小房子等图标在符号库中选用。

实例3

主页面流程如图7-2-42~图7-2-44所示。

图7-2-42　　　　　　　　　图7-2-43

图7-2-44

核心步骤：
（1）打开"文件"选项卡，将学校的素材图片置入。
（2）使用文字工具和矩形工具制作上半部分的图标及文字内容。
（3）使用文字工具、矩形工具和椭圆工具制作界面下半部分的内容，相机等图标在符号库中选用。

2. 提高案例习题

实例 1

iPAD 登录主界面效果如图 7-2-45 所示。

图7-2-45

核心步骤：
（1）使用矩形、椭圆和渐变工具制作界面背景。
（2）使用圆角矩形和椭圆工具制作平板界面，并置入素材图片，将其复制并缩小排放，如图 7-2-45 所示。
（3）使用椭圆工具和符号制作图标，放在合适位置。
（4）使用文字工具输入内容，放在合适位置。

实例 2

登录页面效果如图 7-2-46 所示。

图7-2-46

核心步骤:
(1) 使用圆角矩形和渐变工具制作登录背景。
(2) 使用文字工具和椭圆工具制作登录相关内容。
(3) 图标在符号库中选用并放在合适位置,如图7-2-46所示。

实例3

系统进入界面效果如图7-2-47所示。

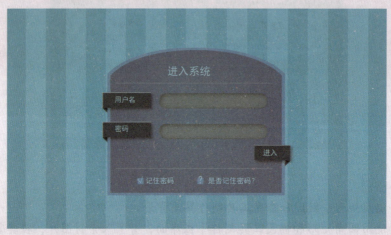

图7-2-47

核心步骤:
(1) 新建画布,填充颜色为深蓝色,利用矩形工具制作白色矩形,并降低透明度。
(2) 使用矩形工具和钢笔工具制作信封形状并填充蓝色渐变。
(3) 使用圆角矩形工具和文字工具制作界面内容。